THÈSES

DE MÉCANIQUE

ET D'ASTRONOMIE

présentées

A LA FACULTÉ DES SCIENCES DE PARIS,

LE 20 OCTOBRE 1849,

Par M. Th. DIEU,

Agrégé de l'Université, Professeur de Mathématiques supérieures au Lycée,
et ancien Suppléant à la Faculté des Sciences de Dijon.

PARIS,

IMPRIMERIE DE BACHELIER,

Rue du Jardinet, 12.

1849.

THÈSES

DE MÉCANIQUE

ET D'ASTRONOMIE

présentées

A LA FACULTÉ DES SCIENCES DE PARIS,

LE 20 OCTOBRE 1849,

Par **M. Th. DIEU,**

Agrégé de l'Université, Professeur de Mathématiques supérieures au Lycée,
et ancien Suppléant à la Faculté des Sciences de Dijon.

PARIS,

IMPRIMERIE DE BACHELIER,

RUE DU JARDINET, N° 12.

1849

ACADÉMIE DE PARIS.

FACULTÉ DES SCIENCES.

MM. DUMAS, Doyen,

GAY-LUSSAC, THENARD, BEUDANT, PONCELET, FRANCŒUR, BIOT,	Professeurs honoraires.
DUHAMEL, CHASLES, LEFÉBURE DE FOURCY, STURM, LE VERRIER, CAUCHY, POUILLET, DESPRETZ, BALARD, DELAFOSSE, DE BLAINVILLE, MILNE EDWARDS, DE MIRBEL, AUGUSTE DE SAINT-HILAIRE, CONSTANT PRÉVOST,	Professeurs.
VIEILLE, MASSON, PELIGOT, DE JUSSIEU, PAYER, BERTRAND, DUCHARTRE,	Agrégés.

THÈSE DE MÉCANIQUE.

SUR

LA PROPAGATION DU SON DANS UN MILIEU INDÉFINI HOMOGÈNE

DANS L'ÉTAT D'ÉQUILIBRE.

J'ai pour but d'exposer la théorie mathématique des mouvements vibratoires par lesquels le son se propage dans un gaz homogène indéfini.

Poisson en a tracé l'histoire, avec la supériorité de vues qui le distinguait, dans le premier des Mémoires où il l'a traitée (xive cahier de l'*École Polytechnique*). Cependant, je me propose de rappeler, dans un résumé rapide, la part des savants illustres qui ont ouvert la voie, et d'indiquer les perfectionnements dus à Poisson. Il est revenu, comme l'on sait, à diverses époques, sur cette importante théorie, et n'a pas moins amélioré ses premières idées et ses premières méthodes de calcul que celles de ses devanciers.

§ Ier.

Equations du problème. — Calcul de l'intégrale de l'équation unique à laquelle on les ramène.

1. Les équations générales du mouvement d'un fluide sont au

nombre de quatre,

$$\left\{\begin{array}{l} \rho\left(X-\dfrac{du}{dt}-u\dfrac{du}{dx}-v\dfrac{du}{dy}-w\dfrac{du}{dz}\right)=\dfrac{dp}{dx}, \\[2ex] \rho\left(Y-\dfrac{dv}{dt}-u\dfrac{dv}{dx}-v\dfrac{dv}{dy}-w\dfrac{dv}{dz}\right)=\dfrac{dp}{dx}, \\[2ex] \rho\left(Z-\dfrac{dw}{dt}-u\dfrac{dw}{dx}-v\dfrac{dw}{dy}-w\dfrac{dw}{dz}\right)=\dfrac{dp}{dz}, \\[2ex] \dfrac{d\rho}{dt}+\dfrac{d.\rho u}{dx}+\dfrac{d.\rho v}{dy}+\dfrac{d.\rho w}{dz}=0; \end{array}\right\}\quad[*],$$

(1)

dont les trois premières s'obtiennent en mettant les forces perdues dans les équations générales d'équilibre, et la dernière par la condition que le fluide reste continu pendant le mouvement. On doit y joindre

$$(2)\qquad \frac{dx}{dt}=u,\qquad \frac{dy}{dt}=v,\qquad \frac{dz}{dt}=w.$$

Les équations (1) contiennent cinq inconnues, u, v, w, p et ρ; donc, elles ne suffisent par pour les déterminer. Mais on peut obtenir une relation particulière, c'est-à-dire différente pour chaque nature de fluide, entre la pression p et la densité ρ, lorsque la densité n'est pas supposée constante. Si elle l'était, cela réduirait à quatre le nombre des inconnues, et les équations (1), dont la dernière deviendrait

$$\frac{du}{dx}+\frac{dv}{dx}+\frac{dw}{dz}=0,$$

seraient suffisantes.

2. Lorsqu'on admet qu'il n'y pas sensiblement de calorique perdu ou gagné par une portion quelconque d'un gaz, pendant la durée des mouvements vibratoires par lesquels le son se propage dans ce gaz que nous supposons homogène dans l'état d'équilibre; qu'on représente par p_0 la pression et ρ_0 la densité de cet état, par c et c' les capacités calorifiques à pression constante et à volume constant $[**]$,

---

[*] Toutes les lettres qui entrent dans ces équations ont les significations ordinaires.

[**] $\dfrac{c}{c'}=1{,}3748$, d'après les expériences de MM. Gay-Lussac et Welter, et ce rapport paraît être, au moins pour l'air, indépendant de la température et de la pression.

et qu'on pose

$$(3) \qquad \rho = \rho_0 (1 - \sigma),$$

de sorte que $- \rho_0 \sigma$ soit la variation que la densité éprouve quand le gaz passe de la pression p_0 à la pression p; la relation dont je viens de parler est

$$(4) \qquad p = p_0 \left(1 - \frac{c}{c'} \sigma \right) [*].$$

3. Afin de pouvoir rigoureusement considérer le gaz comme homogène dans l'état d'équilibre, il faut faire abstraction des forces extérieures. Ainsi, par exemple, dans le cas de la propagation dans l'air, il ne faut pas avoir égard à la pesanteur, et, en outre, il est nécessaire de supposer la température uniforme : cela réduit, sans doute, le problème à une pure abstraction; mais, avec un peu de réflexion, on voit que les circonstances écartées ne sauraient avoir une grande influence, et l'expérience a même démontré que cette influence est à peu près nulle sur la vitesse de propagation du son.

Si l'on néglige donc les forces X, Y, Z, et les produits deux à deux des quantités u, v, w, σ, et des dérivées partielles des trois premières, toutes ces quantités pouvant être considérées comme très-petites dans le mouvement dont il s'agit, on obtient, par les équations (1), (3) et (4),

$$(5) \qquad \begin{cases} \dfrac{du}{dt} = a^2 \dfrac{d\sigma}{dx}, \quad \dfrac{dv}{dt} = a^2 \dfrac{d\sigma}{dy}, \quad \dfrac{dw}{dt} = a^2 \dfrac{d\sigma}{dz}, \\[2mm] \dfrac{d\sigma}{dt} = \dfrac{du}{dx} + \dfrac{du}{dy} + \dfrac{du}{dz}, \end{cases}$$

---

[*] On l'obtient, par un calcul élémentaire, en concevant que le gaz passe du premier état au second,

1°. Par une variation de température au moyen de laquelle la pression deviendrait p, sans que le volume ni la densité changent;

2°. Par une seconde variation de température qui conduise à celle du second état, sans changement dans la pression p.

On néglige d'ailleurs les quantités très-petites par rapport à σ, comme, par exemple, les puissances σ^2, etc.

en remplaçant $\frac{p_0}{\rho_0}\frac{c}{c'}$ par a^2, et ce système fera connaître u, v, w et σ; les équations (3) et (4) donneront ensuite p et ρ. Quant aux coordonnées d'une molécule, qui seraient x_0, y_0, z_0 pour $t = 0$, on en obtiendrait les valeurs à la fin du temps t par l'intégration des équations (2).

4. On voit facilement que les trois premières équations (5) pourraient immédiatement être intégrées par rapport à t, si σ était la dérivée, relative à cette variable, d'une certaine fonction de x, y, z, t. Or on peut admettre, sans restreindre la question, qu'il en est ainsi, et poser

$$(6) \qquad \sigma = \frac{1}{a^2}\frac{d\varphi}{dt};$$

φ étant telle, que $-\frac{\rho_0}{a^2}\frac{d\varphi}{dt}$ devienne pour $t = 0$ la condensation qui aura été initialement produite en un point quelconque.

La substitution de cette expression au lieu de σ, dans la première équation (5), suivie de l'intégration relative à t, fournit

$$(7) \qquad u = \frac{d\varphi}{dx} + U, \quad v = \frac{d\varphi}{dy} + V, \quad w = \frac{d\varphi}{dz} + W,$$

en désignant par U, V, W trois fonctions arbitraires de x, y, z seulement; et la dernière équation (5) devient

$$(8) \qquad \frac{d^2\varphi}{dt^2} = a^2\left(\frac{d^2\varphi}{dx^2} + \frac{d^2\varphi}{dy^2} + \frac{d^2\varphi}{dz^2}\right) + \Psi(x, y, z),$$

en posant

$$(\psi) \qquad a^2\left(\frac{dU}{dx} + \frac{dV}{dy} + \frac{dW}{dz}\right) = \Psi(x, y, z).$$

La solution du problème se trouve ainsi ramenée au calcul de l'intégrale complète d'une équation à dérivées partielles; et je vais maintenant exposer un des procédés qu'on peut employer pour parvenir à cette intégrale.

5. Si l'on connaissait une intégrale particulière $\varphi = \varphi'$ de l'équation (8), et l'intégrale générale $\varphi = \varphi_1$ de l'équation

$$(9) \qquad \frac{d^2\varphi}{dt^2} = a^2\left(\frac{d^2\varphi}{dx^2} + \frac{d^2\varphi}{dy^2} + \frac{d^2\varphi}{dz^2}\right),$$

on en déduirait $\varphi = \varphi' + \varphi_1$, qui serait l'intégrale complète de (8); car cette valeur de φ la vérifierait évidemment, et contiendrait deux fonctions arbitraires des variables x, y, z.

Or on obtient une expression de φ_1 appropriée à la discussion du problème, au moyen de la formule de Poisson,

$$(10) \quad \begin{cases} \displaystyle\int_{-1}^{1} F\left(\lambda\sqrt{l^2 + m^2 + n^2}\right) d\lambda \\[2ex] = \dfrac{1}{2\varpi}\displaystyle\int_{0}^{2\varpi} d\psi \int_{0}^{\varpi} F(n\cos\theta + m\sin\theta\sin\psi + l\sin\theta\cos\psi)\sin\theta\, d\theta, \end{cases}$$

qui a été démontrée, en dernier lieu, d'une manière aussi simple que rigoureuse, par **M. William Roberts** [*]; et cette expression de φ_1 sert à trouver celle de φ'.

6. *Calcul de* φ_1 [**]. — Je pose d'abord

$$\varphi = \sin(\alpha x + \beta y + \gamma z + \delta t),$$

et je substitue dans l'équation (9) les valeurs de $\dfrac{d^2\varphi}{dt^2}$, $\dfrac{d^2\varphi}{dx^2}$, etc., qui résultent de cette hypothèse; cela donne, entre les indéterminées α, β, γ et δ, l'équation de condition

$$(\Delta) \qquad \delta^2 = a^2(\alpha^2 + \beta^2 + \gamma^2).$$

Soient δ et $-\delta$ les valeurs de δ qui la vérifient, l'expression

$$\varphi = \sin(\alpha x + \beta y + \gamma z + \delta t) - \sin(\alpha x + \beta y + \gamma z - \delta t),$$

qui revient à

$$\varphi = 2\cos(\alpha x + \beta y + \gamma z)\sin \delta t,$$

vérifiera l'équation (9). Mais on trouve facilement

$$2\sin \delta t = \delta t \int_{-1}^{1} \cos(\delta t \lambda)\, d\lambda;$$

---

[*] Journal de M. Liouville, année 1846.

[**] D'après la signification physique de la fonction φ, elle est périodique ou indéfiniment décroissante quand t augmente; il est donc naturel de prendre une fonction circulaire ou une exponentielle, pour avoir une solution particulière de l'équation (9), et c'est cette dernière forme que l'on a préférée; mais il résulte du calcul indiqué dans ce numéro, qu'on parvient au même résultat par l'emploi d'une fonction circulaire.

et, en ayant égard à la condition (Δ), on a

$$\int_{-1}^{1} \cos(\delta t\lambda)\,d\lambda = \frac{1}{2\varpi}\int_{0}^{2\varpi} d\psi \int_{0}^{\varpi} \cos[at(\gamma\cos\theta + \beta\sin\theta\sin\psi + \alpha\sin\theta\cos\psi)]\sin\theta\,d\theta,$$

d'après la formule de Poisson; donc, cette solution particulière peut être mise sous la forme

$$\varphi = \frac{\delta t}{2\varpi}\cos(\alpha x + \beta y + \gamma z)\int_{0}^{2\varpi} d\psi \int_{0}^{\varpi} \cos[at(\gamma\cos\theta + \beta\sin\theta\sin\psi + \alpha\sin\theta\cos\psi)]\sin\theta\,d\theta.$$

Si l'on fait entrer $t\cos(\alpha x + \beta y + \gamma z)$ sous le double signe d'intégration, puis qu'on remplace le produit des cosinus par une somme, et qu'on supprime le facteur constant $\frac{\delta}{4\varpi}$, qui est inutile, elle devient

$$(11)\qquad \varphi = \int_{0}^{2\varpi} d\psi \int_{0}^{\varpi} \left\{ \begin{array}{l} \cos[\alpha(x + at\sin\theta\cos\psi) + \beta(y + at\sin\theta\sin\psi) + \gamma(z + at\cos\theta)] \\ + \cos[\alpha(at\cos\theta\sin\psi - x) + \beta(at\sin\theta\sin\psi - y) + \gamma(at\cos\theta - z)] \end{array} \right\} t\sin\theta\,d\theta.$$

Soient maintenant $(\alpha_1, \beta_1, \gamma_1)$, $(\alpha_2, \beta_2, \gamma_2)$, etc., autant de systèmes de valeurs qu'on voudra des arbitraires (α, β, γ), et φ_1, φ_2, etc., les valeurs correspondantes de φ données par la formule (11); il est évident que l'expression

$$\varphi = M_1\varphi_2 + M_2\varphi_2 + \ldots + M_n\varphi_n + \ldots,$$

composée d'un nombre indéfini de termes, et dans laquelle M_1, M_2, etc. sont des constantes arbitraires, sera encore une solution de (9).

P désignant une fonction des trois binômes

$$(A)\quad x + at\sin\theta\cos\psi = x',\quad y + at\sin\theta\sin\psi = y',\quad z + at\cos\theta = z',$$

susceptible d'être développée en une série de la forme

$$M_1\cos(\alpha_1 x' + \beta_1 y' + \gamma_1 z') + M_2\cos(\alpha_2 x' + \beta_2 y' + \gamma_2 z') + \ldots,$$

au moyen d'une détermination convenable des coefficients, mais du reste tout à fait arbitraire, cette dernière solution sera représentée par

$$(12)\qquad \varphi = \int_{0}^{2\varpi} d\psi \int_{0}^{\varpi} (P + P_1)\,t\sin\theta\,d\theta,$$

P_1 étant une fonction qui se déduit de P par le changement du sens des coordonnées positives.

En partant de

$$\varphi = \cos(\alpha x + \beta y + \gamma z + \delta t),$$

ce qui conduit aussi à la condition (Δ), on parvient de la même manière à

$$(13) \qquad \varphi = \int_0^{2\varpi} d\psi \int_0^{\varpi} (P_2 - P_3)\, t \sin\theta\, d\theta,$$

P_2 et P_3 étant des fonctions arbitraires composées respectivement des mêmes binômes que P et P_1, de sorte que P_3 se déduirait de P_2 comme P_2 de P_1 [*].

On peut identifier P_2 avec P, et en ajoutant membre à membre (12) et (13), on a

$$(14) \qquad \varphi = \int_0^{2\varpi} d\psi \int_0^{\varpi} P\, t \sin\theta\, d\theta,$$

pour une intégrale qui n'est encore que particulière, attendu qu'il n'y entre qu'une seule fonction arbitraire de x, y, z.

Cela posé, il suffit de remarquer, pour avoir enfin φ, que la dérivée

$$\frac{d\varphi}{dt} = \frac{d}{dt} \cdot \int_0^{2\varpi} d\psi \int_0^{\varpi} P\, t \sin\theta\, d\theta$$

de l'expression (14), prise pour φ, vérifie aussi l'équation (9), quelle que soit P, puisqu'on en tire

$$\frac{d^2 \cdot \frac{d\varphi}{dt}}{dt^2} = a^2 \left(\frac{d^2 \cdot \frac{d\varphi}{dt}}{dx^2} + \frac{d^2 \cdot \frac{d\varphi}{dt}}{dy^2} + \frac{d^2 \cdot \frac{d\varphi}{dt}}{dz^2} \right),$$

qui se réduit évidemment à une identité pour les mêmes valeurs de φ que (9). En effet, si l'on ajoute cette dérivée avec l'expression (14) de φ, après y avoir mis des signes différents F et f de fonctions arbitraires des binômes (A), on a

$$(15) \quad \varphi_1 = \frac{1}{4\varpi} \int_0^{2\varpi} d\psi \int_0^{\varpi} F t \sin\theta\, d\theta + \frac{1}{4\varpi} \frac{d}{dt} \cdot \int_0^{2\pi} d\psi \int_0^{\varpi} f t \sin\theta\, d\theta,$$

---

[*] Les fonctions P doivent seulement pouvoir être développées suivant les puissances entières des variables indépendantes.

2

qui satisfait aux conditions de contenir deux fonctions arbitraires des variables indépendantes x, y, z, et de vérifier l'équation (9), dont elle est conséquemment l'intégrale complète [*].

7. En représentant par $d\omega$ l'élément $\sin\theta\, d\theta\, d\psi$ de la surface d'une sphère décrite de l'origine pour centre, avec un rayon égal à l'unité de longueur, et par $\sum$ une somme s'étendant à tous les éléments de cette surface, la formule précédente prend la forme plus concise

$$(16) \qquad \varphi_1 = \frac{1}{4\varpi} \sum \cdot \left(t\, F + f + t\frac{df}{dt} \right) d\omega.$$

Si l'on y fait $t = 0$, on a

$$\varphi_1 = f(x,\, y,\, z),$$

car

$$\sum \cdot d\omega = 4\varpi.$$

D'ailleurs, on en tire

$$\frac{d\varphi_1}{dt} = \frac{1}{4\varpi} \sum \cdot \left(F + 2\frac{df}{dt} + t\frac{dF}{dt} + t\frac{d^2 f}{dt^2} \right) d\omega,$$

que $t = 0$ réduit d'abord à

$$\frac{d\varphi_1}{dt} = \frac{1}{4\varpi} \sum \cdot \left[(F)_0 + 2\left(\frac{df}{dt}\right)_0 \right] d\omega,$$

en marquant par l'indice o qu'il s'agit des valeurs de F et $\frac{df}{dt}$ correspondantes à $t = 0$; mais on a

$$\left(\frac{df}{dt}\right)_0 = a\left[\left(\frac{df}{dx}\right)_0 \sin\theta\cos\psi + \left(\frac{df}{dy}\right)_0 \sin\theta\sin\psi + \left(\frac{df}{dz}\right)_0 \cos\theta \right],$$

en suivant la même notation, et $\left(\frac{df}{dx}\right)_0$, $\left(\frac{df}{dy}\right)_0$, $\left(\frac{df}{dz}\right)_0$ ne contiennent

---

[*] J'ai multiplié par $\frac{1}{4\varpi}$, comme on fait toujours, afin de simplifier les expressions de φ_1 et de $\frac{d\varphi_1}{dt}$ correspondantes à $t = 0$.

plus les angles θ et ψ; donc

$$\Sigma \cdot \left(\frac{df}{dt}\right)_0 d\omega = a \begin{cases} \left(\dfrac{df}{dx}\right)_0 \displaystyle\int_0^{2\varpi} \cos\psi\, d\psi . \int_0^\varpi \sin^2\theta\, d\theta \\[2ex] + \left(\dfrac{df}{dy}\right)_0 \displaystyle\int_0^{2\varpi} \sin\psi\, d\psi . \int_0^\varpi \sin^2\theta\, d\theta \\[2ex] + \left(\dfrac{df}{dz}\right)_0 \displaystyle\int_0^{2\varpi} d\psi . \int_0^\varpi \sin\theta\cos\theta\, d\theta \end{cases},$$

et, comme il y a une intégrale qui est nulle dans chacun des produits de deux intégrales placés entre les accolades,

$$\Sigma \cdot \left(\frac{df}{dt}\right)_0 d\omega = 0;$$

par conséquent,

$$\frac{d\varphi_1}{dt} = \mathrm{F}(x, y, z)$$

pour $t = 0$.

8. *Calcul de φ'.* — En différentiant l'équation (8) par rapport à t, et remplaçant $\frac{d\varphi}{dt}$ par p, on parvient à l'équation

$$(17) \qquad \frac{d^2 p}{dt^2} = a^2 \left(\frac{d^2 p}{dx^2} + \frac{d^2 p}{dy^2} + \frac{d^2 p}{dz^2}\right),$$

qui a la même forme que (9), et de laquelle se déduit, au moyen de la formule (15), l'intégrale particulière de (8) désignée par φ'.

A cet effet, on peut poser

$$\varphi' = \int_0^t p\, dt,$$

ce qui astreint φ' à être nulle pour $t = 0$, quelles que soient x, y, z; de sorte que les dérivées de tout ordre de φ' relatives à x, y, z sont aussi nulles, et que l'on doit avoir

$$\frac{dp}{dt} = \frac{d^2 \varphi'}{dt^2} = \Psi(x, y, z), \text{ pour } t = 0,$$

d'après l'équation (8).

La formule (15), appliquée sous ces conditions à l'équation (17), fournit

$$(18)\quad p = \frac{1}{4\varpi}\int_0^{2\varpi} d\psi \int_0^\varpi \Psi\, t\sin\theta\, d\theta + \frac{1}{4\varpi}\frac{d}{dt}\cdot\int_0^{2\varpi} d\psi \int_0^\varpi f\, t\sin\theta\, d\theta,$$

f étant une fonction arbitraire des binômes (A), et Ψ la fonction du second membre de l'équation (8) où ces binômes remplacent x, y, z; puis, φ' se déduit de cette valeur de p, en l'intégrant depuis o jusqu'à t après l'avoir multipliée par dt, ce qui donne

$$(19)\quad \varphi' = \frac{1}{4\varpi}\int_0^{2\varpi} d\psi \int_0^\varpi f.\,t\sin\theta\, d\theta + \frac{1}{4\varpi}\int_0^t t\,dt \int_0^{2\varpi} d\psi \int_0^\varpi \Psi\sin\theta\, d\theta.$$

9. On a enfin, comme je l'ai annoncé au n° **5**,

$$(20)\quad \varphi = \left\{\begin{aligned} &\frac{1}{4\varpi}\int_0^{2\varpi} d\psi \int_0^\varpi F.\,t\sin\theta\, d\theta \\ &+ \frac{1}{4\omega}\frac{d}{dt}\cdot\int_0^{2\varpi} d\psi \int_0^\varpi f.\,t\sin\theta\, d\theta \\ &+ \frac{1}{4\varpi}\int_0^t t\,dt \int_0^{2\varpi} d\psi \int_0^\varpi \Psi\sin\theta\, d\theta \end{aligned}\right\},$$

par l'addition des formules (15) et (19), et en mettant F au lieu de F + f, attendu que cette somme revient à une fonction arbitraire seulement.

On peut écrire plus simplement cette intégrale générale de l'équation (8), en faisant usage de la notation déjà employée, sous la forme

$$(21)\qquad \varphi = \frac{1}{4\varpi}\sum\cdot\left(tF + t\frac{df}{dt} + f + \int_0^t \Psi.\,t\,dt\right)d\omega.$$

10. La fonction φ, qui a été astreinte, quand elle a été introduite dans notre analyse (n° **4**), à une première condition particulière, peut encore être assujettie à une seconde condition, comme celle d'être nulle pour $t = $ o, quelles que soient x, y, z; de telle sorte que ses dérivées partielles, relatives à ces trois variables, seront en même temps nulles, et que U, V, W seront, d'après les équations (7), les valeurs initiales de u, v, w.

Cela entraîne $f = $ o, et les formules (20) et (21) se réduisent à

$$(22)\quad \varphi = \frac{1}{4\varpi}\int_0^{2\varpi} d\psi \int_0^\varpi F.\,t\sin\theta\, d\theta + \frac{1}{4\varpi}\int_0^t t\,dt \int_0^{2\varpi} d\psi \int_0^\varpi \Psi.\sin\theta\, d\theta,$$

et

$$(23) \qquad \varphi = \frac{1}{4\varpi} \sum \cdot \left(t\,\mathrm{F} + \int_0^t \Psi.t\,dt \right) d\omega,$$

dont l'une ou l'autre donne

$$\frac{d\varphi}{dt} = \mathrm{F}(x,\,y,\,z) \quad \text{pour} \quad t = 0,$$

et, par conséquent,

$$\sigma = \frac{1}{a^2}\mathrm{F}(x,\,y,\,z)$$

à la même époque.

Cette valeur de φ n'aurait d'ailleurs aucun sens, quant au problème de la propagation du son, si les expressions des dérivées partielles $\frac{d\varphi}{dt}$, $\frac{d\varphi}{dx}$, ..., cessaient d'avoir des valeurs très-petites (n° 3).

§ II.

Discussion de l'intégrale (22). — Lois qu'elle fournit.

11. La formule (22) donne immédiatement quelques-unes des lois du mouvement.

L'ébranlement primitif doit, en général, être considéré comme limité à de certaines parties du fluide que l'on peut renfermer dans une sphère (E), de rayon ε, décrite de l'origine pour centre. D'après cela, la fonction $\mathrm{F}(x,\,y,\,z)$ ne peut être différente de 0 que pour des valeurs de x, y, z égales aux coordonnées de certains points renfermés dans cette sphère; et il en est de même de $\Psi(x,\,y,\,z)$, car U, V, W, qui sont maintenant les valeurs initiales de u, v, w, sont nulles pour tous les points extérieurs à la sphère (E). On a donc, pour ces derniers points,

$$u = \frac{d\varphi}{dx}, \quad v = \frac{d\varphi}{dy}, \quad w = \frac{d\varphi}{dz},$$

à un instant quelconque, et ces équations donnent

$$u\,dx + v\,dy + w\,dz = d\varphi,$$

$d\varphi$ étant la différentielle de la fonction φ de x, y, z, t relative aux trois premières de ces variables.

12. Soient ξ, η, ζ les coordonnées d'un point intérieur à la sphère (E), et posons

$$x + at\sin\theta\cos\psi = \xi, \quad y + at\sin\theta\sin\psi = \eta, \quad z + at\cos\theta = \zeta,$$

d'où l'on déduit facilement l'équation

$$(x - \xi)^2 + (y - \eta)^2 + (z - \zeta)^2 = a^2 t^2,$$

qui détermine une sphère de rayon at, dont le centre est le point (x, y, z), en considérant ξ, η, ζ comme coordonnées courantes.

Ce sera seulement (n° **11**) dans le cas où cette sphère coupera la partie du fluide primitivement ébranlée, que le premier terme de la formule (22) ne sera pas nul, c'est-à-dire, en désignant par r la distance du point (x, y, z) à l'origine, quand at tombera entre $r - \varepsilon$ et $r + \varepsilon$.

Tant qu'on aura $at < r - \varepsilon$, le second terme de la même formule sera aussi nul; car, si l'on renverse l'ordre des intégrations indiquées dans ce terme, ce qui ne saurait en changer la valeur, et qu'on commence par celle qui est relative à t, on voit que tous les éléments de

$$\int_0^t \Psi(x + at\sin\theta\cos\psi, \quad y + at\sin\theta\sin\psi, \quad z + at\cos\theta)\,t\,dt,$$

qu'il faudrait calculer d'abord, sont séparément nuls. Mais, quand at tombe entre les limites indiquées ci-dessus, cette intégrale se réduit à

$$\int_{\frac{r-\varepsilon}{a}}^t \Psi.t\,dt;$$ et quand at surpasse $r + \varepsilon$, à $$\int_{\frac{r-\varepsilon}{a}}^{\frac{r-\varepsilon}{a}} \Psi t\,dt.$$ On pourra

donc remplacer la dernière intégrale multiple de l'équation (22) par

$$\frac{1}{4\varpi}\int_{\frac{r-\varepsilon}{a}}^t t\,dt \int_0^{2\varpi} d\psi \int_0^{\varpi} \Psi\sin\theta\,d\theta,$$

si t surpasse $\dfrac{r-\varepsilon}{a}$; et même, si t surpasse $\dfrac{r+\varepsilon}{a}$, on pourra mettre cette quantité, qui sera plus loin supposée fixe, au lieu de la limite variable désignée par t.

$\int \Psi . t \, dt$, prise depuis $t = \dfrac{r - \varepsilon}{a}$ jusqu'à t ou $\overset{<}{=}\dfrac{r + \varepsilon}{a}$, n'étant pas nulle,

φ ne le deviendra pas de nouveau quand t dépassera $\dfrac{r + \varepsilon}{a}$, non plus que $\dfrac{d\varphi}{dx}$, $\dfrac{d\varphi}{dy}$, $\dfrac{d\varphi}{dz}$ auxquelles se réduisent u, v, w pour les points situés au dehors de la sphère (E); mais ces quantités seront indépendantes de t.

13. Il n'en est pas de même de l'expression de $\dfrac{d\varphi}{dt}$, tirée de la formule (22), savoir,

$$\frac{d\varphi}{dt} = \frac{1}{4\varpi} \int_0^{2\varpi} d\psi \int_0^{\varpi} \left(F + t \frac{dF}{dt} \right) \sin\theta \, d\theta + \frac{1}{4\varpi} \int_0^{2\varpi} d\psi \int_0^{\varpi} \Psi t \sin\theta \, d\theta;$$

en effet :

1°. F et Ψ sont nulles pour tous les points dont il s'agit;

2°. De

$$F(x + at \sin\theta \cos\psi, \ y + at \sin\theta \sin\psi, \ z + at \cos\theta) = F(\xi, \eta, \zeta),$$
on tire

$$\frac{dF}{dt} = a \left(\frac{dF}{d\xi} \sin\theta \cos\psi + \frac{dF}{d\eta} \sin\theta \sin\psi + \frac{dF}{d\zeta} \cos\theta \right),$$

et $F(\xi, \eta, \zeta)$ étant nulle pour toutes valeurs de ζ, η, ξ qui seraient les coordonnées de points situés au dehors de la sphère (E), les dérivées $\dfrac{dF}{d\xi}$, $\dfrac{dF}{d\eta}$, $\dfrac{dF}{d\zeta}$, et, par suite, $\dfrac{dF}{dt}$ le sont également; donc, $\dfrac{d\varphi}{dt}$ est nulle pour toute valeur de t non comprise entre $\dfrac{r - \varepsilon}{a}$ et $\dfrac{r + \varepsilon}{a}$.

14. *Pour les points compris dans la sphère* (E), r est moindre que ε, et il faut modifier légèrement ce qui est dit dans les n^{os} **12** et **13**. On ne doit pas changer la limite inférieure o de l'intégration relative à t dans le second terme de l'expression (22), et l'on peut seulement mettre $\dfrac{r + \varepsilon}{a}$ au lieu de t pour la limite supérieure, lorsque t surpasse cette valeur. Quant à $\dfrac{d\varphi}{dt}$, elle est nulle pour les valeurs de t qui ne tombent pas entre o et $\dfrac{r + \varepsilon}{a}$.

15. Il résulte de cette discussion, qu'en un point (x, y, z) situé à une distance quelconque r de l'origine, et à la fin du temps t supérieur à $\frac{r+\varepsilon}{a}$, il pourrait [*] y avoir un mouvement de translation uniforme et très-lent des molécules du fluide, lequel ne serait pas accompagné de condensation, car σ est nul avec $\frac{d\varphi}{dt}$ en vertu de l'équation (6); mais, que les vibrations accompagnées de condensation n'auront lieu que quand t tombera entre $\frac{r-\varepsilon}{a}$ et $\frac{r+\varepsilon}{a}$, c'est-à-dire pendant une durée limitée qui ne pourra surpasser la différence $\frac{2\varepsilon}{a}$.

Si l'ébranlement primitif s'étend à tous les points de la sphère (E), les ondes sonores seront sphériques, d'épaisseur 2ε, et auront l'origine pour centre; la durée du mouvement vibratoire sera $\frac{2\varepsilon}{a}$ en chaque point; et la vitesse de propagation de ce mouvement sera a, puisqu'il commence en des points situés sur le même rayon, distants de a, à des intervalles égaux à l'unité de temps.

On conçoit d'ailleurs que, quoique tous les points compris dans la sphère (E) n'aient pas été primitivement ébranlés, les circonstances que je viens d'indiquer auront encore sensiblement lieu, à des distances de cette sphère assez grandes relativement à son rayon.

§ III.

Loi de l'intensité du son à différentes distances du centre de l'ébranlement. — Rapport constant de la vitesse propre des molécules vibrantes à la condensation.

16. Afin de parvenir à la loi des vitesses des molécules du fluide, de laquelle dépend celle de l'intensité du son à différentes distances de l'origine, que nous supposerons fort grandes relativement au rayon

---

[*] La vitesse de ce mouvement qui dépend seulement des vitesses initialement imprimées à des parties du fluide renfermé dans la sphère (E), est très-petite par rapport à celle du mouvement vibratoire (n° **22**).

de la sphère (E), il faut avoir recours à une transformation de l'équation (22) que je vais exposer.

Soient

$$(24) \quad \begin{cases} x = r \sin \mu \cos \lambda, \\ y = r \sin \mu \sin \lambda, \\ z = r \cos \mu, \end{cases}$$

et

$$(25) \quad \begin{cases} r \sin \mu \cos \lambda + at \sin \theta \cos \psi = r_1 \sin \mu_1 \cos \lambda_1, \\ r \sin \mu \sin \lambda + at \sin \theta \sin \psi = r_1 \sin \mu_1 \sin \lambda_1, \\ r \cos \mu + at \cos \theta = r_1 \cos \mu_1, \end{cases}$$

r_1 étant une longueur positive qui ne surpasse pas ε, puisqu'il suffit de tenir compte des valeurs des binômes (A) qui peuvent être respectivement celles des coordonnées de certains points situés dans la sphère (E); et λ_1, μ_1 étant des angles compris, le premier entre 0 et 2ϖ, et le second entre 0 et ϖ.

Soient encore

$$(26) \quad at = r - r', \quad \theta = \varpi - \mu + \theta' \quad \text{et} \quad \psi = \varpi + \lambda + \psi',$$

r' est compris entre $+\varepsilon$ et $-\varepsilon$ d'après ce qui précède, et je vais montrer que les deux dernières hypothèses, ingénieusement choisies par Poisson, sont telles, que θ' et ψ' peuvent être considérés comme très-petits du même ordre que $\dfrac{\varepsilon}{r}$·

17. D'après la troisième équation (25), $\cos \mu + \dfrac{at}{r} \cos \theta$ est au moins de cet ordre; donc, $\cos \mu$ et $\cos \theta$ doivent être de signes contraires, s'ils ne sont pas tous deux très-petits du même ordre au moins.

Dans le premier cas, μ et θ sont l'un plus grand, l'autre plus petit que $\dfrac{\varpi}{2}$, et $\mu + \theta$ tombe entre $\dfrac{\varpi}{2}$ et $\dfrac{3\varpi}{2}$; donc l'égalité $\theta' = \mu + \theta - \varpi$ montre que θ' ne peut être en dehors des limites $-\dfrac{\varpi}{2}$ et $\dfrac{\varpi}{2}$; et il en résulte encore que, si cet angle est positif, il ne peut surpasser μ en grandeur absolue.

3

La même équation donne, d'après les hypothèses (26),

$$\cos(\mu - \theta') - \cos\mu = \frac{r'\cos(\mu - \theta') - r_1\cos\mu_1}{r};$$

or, les cosinus de $\mu - \theta'$ et de μ sont de même signe, puisque le premier revient à $-\cos\theta$; donc la différence arithmétique de ces cosinus est au moins du même ordre que $\frac{\varepsilon}{r}$; mais, pour qu'en ajoutant à μ, ou en retranchant de μ un arc qui ne surpasse pas $\frac{\varpi}{2}$, on puisse avoir pour résultat un arc dont le cosinus ne diffère de celui de μ que d'une quantité très-petite de cet ordre, il faut évidemment que l'arc ajouté ou retranché $\pm\,\theta'$ soit du même ordre au moins.

Dans le second cas, μ et θ ne peuvent différer l'un et l'autre de $\frac{\varpi}{2}$ que d'une quantité du même ordre que $\frac{\varepsilon}{r}$, et l'inspection seule de $\theta' = \mu + \theta - \varpi$ fait voir que θ' est au moins de cet ordre.

Je remarquerai que, d'après cette première partie de ma démonstration, $\sin\mu$ ne saurait être très-petit sans qu'il en soit de même de $\sin\theta$; et *vice versâ*.

18. On déduit facilement des équations (25)

$$r_1^2 = r^2 + a^2 t^2 + 2\,rat\,[\cos\mu\cos\theta + \sin\mu\sin\theta\cos(\psi - \lambda)];$$

d'après (26), on a aussi

$$\cos\theta = -\cos\mu - \theta'\sin\mu, \quad \text{et} \quad \sin\theta = \sin\mu - \theta'\cos\mu,$$

en prenant $\cos\theta' = 1$ et $\sin\theta' = \theta'$ [ce qui revient à négliger les quantités très-petites du même ordre que $\left(\frac{\varepsilon}{r}\right)^2$], et

$$\cos(\psi - \lambda) = -\cos\psi';$$

donc

$$r_1^2 = r^2 + a^2 t^2$$
$$- 2\,rat\,[\cos^2\mu + \theta'\sin\mu\cos\mu + (\sin^2\mu - \theta'\sin\mu\cos\mu)\cos\psi'],$$

d'où l'on tire, en posant $\cos\psi' = 1 - \alpha$,

$$r_1^2 = (r - at)^2 + 2\,rat\,\alpha\,(\sin^2\mu - \theta'\sin\mu\cos\mu),$$

puis

$$\alpha \sin \mu \sin \theta = \frac{r_1^2 - r'^2}{2\,r a t},$$

relation de laquelle il résulte que $\alpha = \sin \text{ verse } \psi'$ est au moins très-petite du même ordre que $\left(\frac{\varepsilon}{r}\right)^2$, et, par suite, que ψ' l'est au moins du même ordre que $\frac{\varepsilon}{r}$, pourvu que les sinus de μ et de θ ne soient pas très-petits.

On s'explique cette exception, en observant que dans la circonstance particulière qui y conduit, les deux premières équations (25) n'astreindraient pas les sinus et cosinus de λ et de ψ à être très-petits, ni ces angles eux-mêmes à tomber entre de certaines limites; on peut la lever, en convenant de ne point prendre des axes tels, que celui des z forme avec la direction du rayon vecteur r un angle dont le sinus serait très-petit. Cette convention ne diminue pas, d'ailleurs, la généralité de la formule (22).

19. Les équations (25) peuvent, d'après cela, être réduites à

$$(27) \quad \begin{cases} r' \sin\mu \cos\lambda + r\theta' \cos\lambda \cos\mu + r\psi' \sin\lambda \sin\mu = r_1 \sin\mu_1 \cos\lambda_1 \\ r' \sin\mu \sin\lambda + r\theta' \sin\lambda \cos\mu - r\psi' \cos\lambda \sin\mu = r_1 \sin\mu_1 \sin\lambda_1 \\ r' \cos\mu - r\theta' \sin\mu = r_1 \cos\mu_1, \end{cases}$$

qui fournissent

$$(28) \qquad r_1^2 = r'^2 + r^2 (\theta'^2 + \psi'^2 \sin^2\mu).$$

Pour l'objet que je me propose maintenant, il faut considérer r comme une distance déterminée quelconque, très-grande par rapport à ε, et les angles λ et μ comme se rapportant à une direction déterminée qui peut aussi être quelconque.

D'après cela, les équations (26) donnent

$$dt = -\frac{dr'}{a}, \quad d\theta = d\theta', \quad d\psi = d\psi'.$$

On a aussi

$$r' = \pm \varepsilon, \quad \text{aux limites} \quad t = \frac{r \mp \varepsilon}{a},$$

$$\theta' = -\varpi + \mu \quad \text{et} \quad \theta' = \mu, \quad \text{aux limites} \quad \theta = 0 \quad \text{et} \quad \theta = \varpi,$$

3..

ainsi que

$$\psi' = -\varpi - \lambda \quad \text{et} \quad \psi' = \varpi - \lambda, \quad \text{aux limites} \quad \psi = 0 \quad \text{et} \quad \psi = 2\varpi.$$

L'équation (22) devient donc

$$(29) \quad \varphi = \frac{r\sin\mu}{4\varpi a}\left(\int_{-\varpi-\lambda}^{\varpi-\lambda} d\psi' \int_{-\varpi+\mu}^{\mu} \mathrm{F}_{\scriptscriptstyle \prime}\,.d\theta' + \frac{1}{a}\int_{-\varepsilon}^{\varepsilon} dr' \int_{-\varpi-\lambda}^{\varpi-\lambda} d\psi' \int_{-\varpi+\mu}^{\mu} \Psi_{\scriptscriptstyle \prime}\,.d\theta'\right),$$

en négligeant les termes qui contiennent comme facteurs r' ou θ' par rapport à ceux qui contiennent r, et en désignant par $\mathrm{F}_{\scriptscriptstyle \prime}$ et $\Psi_{\scriptscriptstyle \prime}$ ce que deviennent les fonctions F et Ψ quand on remplace les binômes (A) par leurs valeurs en fonctions de r', ψ' et θ', c'est-à-dire, par les premiers membres des équations (27).

Mais les intégrales qui entrent dans cette expression de φ contiennent toujours r explicitement, ce qu'il faut éviter.

20. Pour cela, on change encore de variables, et je poserai, d'après Poisson,

$$(3o) \qquad \theta'r = s \sin s_{\scriptscriptstyle \prime}, \quad \psi'r\sin\mu = s\cos s_{\scriptscriptstyle \prime}$$

$s_{\scriptscriptstyle \prime}$ étant un arc compris entre 0 et 2ϖ, et s une quantité positive.

Ces équations fournissent, en observant la règle de la transformation des coordonnées dans les intégrales multiples,

$$r\sin\mu\,d\psi' = ds\cos s_{\scriptscriptstyle \prime} - sds_{\scriptscriptstyle \prime}\sin s_{\scriptscriptstyle \prime},$$
$$0 = ds\sin s_{\scriptscriptstyle \prime} + sds_{\scriptscriptstyle \prime}\cos s_{\scriptscriptstyle \prime},$$

d'où

$$r\sin\mu\,d\psi' = \frac{sds_{\scriptscriptstyle \prime}}{\sin s_{\scriptscriptstyle \prime}},$$

puis

$$rd\theta' = ds\,.\sin s_{\scriptscriptstyle \prime};$$

et, par suite,

$$r^2\sin\mu\,d\theta'\,d\psi' = sds\,ds_{\scriptscriptstyle \prime}.$$

Donc, comme l'équation (28) donne

$$s = \sqrt{r_{\scriptscriptstyle \prime}^2 - r'^2},$$

et que $r_{\scriptscriptstyle \prime}$ ne doit pas surpasser ε, la précédente valeur de φ prend la forme

$$(31) \quad \varphi = \frac{1}{4\varpi\, ar} \int_0^{\sqrt{\varepsilon^2 - r'^2}} s\,ds \int_0^{2\varpi} F_2\,ds_1 + \frac{1}{4\varpi\, a^2 r} \int_{-\varepsilon}^{\varepsilon} dr' \int_0^{\sqrt{\varepsilon^2 - r'^2}} s\,ds \int_0^{2\varpi} \Psi_2\,ds_1,$$

en désignant par F_2, Ψ_2 ce que deviennent F_1, Ψ_1 quand on remplace $\theta'r$ et $\psi'r$ par les valeurs de ces quantités en fonction de s et s_1 déterminées par les équations (30); de sorte que le premier terme de cette formule est, abstraction faite du coefficient, $\dfrac{1}{4\varpi\,ar}$, une fonction des trois variables r', λ, μ, et le second terme, aussi abstraction faite du coefficient $\dfrac{1}{4\varpi\,a^2 r}$, une fonction de ces deux dernières variables seulement.

21. L'équation (31) se rapporte à une direction quelconque des axes des çoordonnées, sauf la restriction que j'ai posée dans le n° **18**. Par conséquent, il est permis de disposer de cette direction, comme je vais le dire, afin de simplifier la suite du raisonnement.

On a maintenant

$$r = \text{const.}, \quad \lambda = \text{const.}, \quad \mu = \text{const.};$$

ce qui représente :

1°. Une sphère de rayon r, dont le centre est à l'origine;

2°. Un plan passant par l'axe des z et faisant l'angle λ avec celui des $\widehat{xz}$;

3°. Un cône droit, dont l'axe des z est l'axe de figure.

Ces trois surfaces, qui sont orthogonales, se coupent au point que l'on considère, et, en prenant respectivement pour axes des x_1, y_1, z_1 l'intersection du plan et du cône, la tangente à celle de la sphère et du cône, et la tangente à celle de la sphère et du plan, on a évidemment

$$(32) \qquad dx_1 = dr, \quad dy_1 = r\sin\mu\,d\lambda, \quad dz_1 = r\,d\mu\ .$$

Si l'on dirige l'axe des x suivant la même droite que celui des x_1, en faisant tourner le premier système autour de son origine, de manière que, en outre, les axes des y et des z deviennent respectivement parallèles à ceux des y_1 et des z_1, il suffit d'augmenter x_1, y_1

et z, de certaines constantes, pour passer de ces derniers axes aux nouveaux axes des x, y, z, et de faire $\lambda = 0$, $\mu = \frac{\varpi}{2}$. Donc,

$$(33) \qquad dx = dr, \quad dy = r\,d\lambda, \quad dz = r\,d\mu \ [*].$$

Cela posé, on doit seulement prendre

$$u = \frac{d\varphi}{dx}, \quad v = \frac{d\varphi}{dy}, \quad w = \frac{d\varphi}{dz}.$$

D'après la remarque du n° **11**, et en vertu des formules (33), ces expressions des composantes de la vitesse correspondante au point déterminé par les coordonnées polaires r, λ, μ deviennent

$$(34) \qquad u = \frac{d\varphi}{dr}, \quad v = \frac{1}{r}\frac{d\varphi}{d\lambda}, \quad w = \frac{1}{r}\frac{d\varphi}{d\mu},$$

d'après le principe de la dérivation des fonctions médiates.

Il résulte de ces dernières expressions que v et w sont très-petites relativement à u, puisque les rapports $\frac{v}{u}$, $\frac{w}{u}$ sont du même ordre que $\frac{1}{r}$; donc la vitesse de chaque molécule de fluide est sensiblement égale à $\frac{d\varphi}{dr}$, et dirigée suivant le rayon vecteur.

22. On a, d'après l'équation (31),

$$(35) \quad \left\{ \begin{aligned} \frac{d\varphi}{dr} &= -\frac{1}{4\varpi\, ar^2}\left(\int_0^{\sqrt{\varepsilon^2 - r'^2}} s\,ds \int_0^{2\varpi} F_2\,ds_1 + \frac{1}{a}\int_{-\varepsilon}^{\varepsilon} dr' \int_0^{\sqrt{\varepsilon^2 - r'^2}} s\,ds \int_0^{2\varpi} \Psi_2\,ds_1 \right) \\ &\quad + \frac{1}{4\varpi\, ar}\frac{d}{dr'}\cdot \int_0^{\sqrt{\varepsilon^2 - r'^2}} s\,ds \int_0^{2\varpi} F_2\,ds_1, \end{aligned} \right.$$

en ayant égard à l'observation qui termine le n° **20**, et à ce que la première équation (26) donne

$$\frac{dr'}{dr} = 1,$$

quand on regarde t comme constant.

---

[*] On ne peut craindre que la formule (31) tombe en défaut pour les nouveaux axes, car celui des x coïncide avec le rayon vecteur, et le sinus de l'angle compris entre ce rayon et l'axe des z est conséquemment égal à 1.

Si l'on néglige, dans cette formule, le terme qui contient $\frac{1}{r^2}$ comme facteur, par rapport à celui qui contient seulement $\frac{1}{r}$, et qu'on prenne

$$(36) \qquad u = \frac{1}{4\varpi\, ar}\, \frac{d}{dr'} \cdot \int_0^{\sqrt{\varepsilon^2 - r'^2}} s\, ds \int_0^{2\varpi} F_2\, ds_{\scriptscriptstyle i},$$

on voit que la vitesse des molécules de fluide est, à très-peu près, inversement proportionnelle à la distance de l'origine au lieu où elles se trouvent quand elles vibrent; ce qui justifie *la loi de l'intensité du son en raison inverse du carré de la distance*, puisqu'on admet que cette intensité est proportionnelle au carré de la vitesse.

D'après la discussion du n° **12**, le terme de la valeur (35) de $\frac{d\varphi}{dr}$, qui dépend de Ψ, est le seul qui ne devienne pas nul quand t surpasse $\frac{r+\varepsilon}{a}$; or, ce terme contenant $\frac{1}{r^2}$ comme facteur, il est très-petit par rapport à la valeur (36) de u, et cela s'accorde avec ce que j'ai dit au commencement du n° **15**.

23. D'après la première des équations (26),

$$\frac{dr'}{dt} = -a$$

lorsque r est considéré comme constant; donc l'équation (6) devient

$$\sigma = -\frac{1}{a}\frac{d\varphi}{dr'};$$

or on tire de l'équation (31)

$$\frac{d\varphi}{dr'} = \frac{1}{4\varpi\, ar}\frac{d}{dr'} \cdot \int_0^{\sqrt{\varepsilon^2 - r'^2}} s\, ds \int_0^{2\varpi} F_2\, ds_{\scriptscriptstyle i};$$

et, par conséquent, on a

$$(37) \qquad \sigma = -\frac{1}{4\varpi\, a^2 r}\frac{d}{dr'} \cdot \int_0^{\sqrt{\varepsilon^2 - r'^2}} s\, ds \int_0^{2\varpi} F_2\, ds_{\scriptscriptstyle i}.$$

Les formules (36) et (37) donnent

$$\sigma = -\frac{u}{a},$$

d'où l'on conclut d'abord que les molécules qui s'éloignent du centre d'ébranlement, sur chaque rayon vecteur, sont condensées, et celles qui s'en rapprochent, dilatées; puis, que le rapport $\frac{a}{\rho_0}$ de la vitesse constante de la propagation du son à la densité du milieu est, abstraction faite du signe, approximativement égal au rapport de la vitesse propre des molécules à la condensation positive ou négative qu'elles éprouvent; de sorte que ce dernier rapport est constant pour le même milieu.

§ IV.

Hypothèse particulière du trinôme U dx + V dy + W dz, *différentielle exacte.*

24. Si l'on admet que les composantes U, V, W de la vitesse initiale soient les dérivées d'une fonction f de x, y, z, les équations (7) deviennent

$$(38) \qquad u = \frac{d.(\varphi + f)}{dx}, \quad v = \frac{d.(\varphi + f)}{dy}, \quad w = \frac{d.(\varphi + f)}{dz}.$$

D'ailleurs, comme $\frac{df}{dt} = 0$, puisque f est supposée indépendante de t, l'hypothèse (6) peut être écrite sous la forme

$$(39) \qquad \sigma = \frac{1}{a^2} \frac{d.(\varphi + f)}{dt}.$$

La quatrième équation (5) devient alors

$$(40) \qquad \frac{d^2.(\varphi + f)}{dt^2} = a^2 \left[\frac{d^2.(\varphi + f)}{dx^2} + \frac{d^2.(\varphi + f)}{dy^2} + \frac{d^2.(\varphi + f)}{dz^2} \right],$$

et elle ne diffère plus de l'équation (9) que par le changement de φ en $\varphi + f$.

Or, il faut que $\varphi + f$ se réduise à $f(x, y, z)$ pour $t = 0$, et que $\frac{d\varphi}{dt}$ ou $\frac{d.(\varphi + f)}{dt}$ soit toujours, en même temps, une fonction arbitraire de x, y, z, que nous continuerons de représenter par F (x, y, z));

donc l'intégrale de l'équation (40) sera

$$(41) \qquad \varphi + f = \frac{1}{4\varpi} \sum \cdot \left(t\mathrm{F} + f + t\frac{df}{dx} \right) d\omega,$$

d'après la formule (16) du n° **7**.

Les transformations par lesquelles l'équation (31) a été déduite de l'équation (22), peuvent être appliquées successivement à l'équation (41); elles donnent

$$(42) \quad \varphi = \frac{1}{4\varpi r} \left(\frac{1}{a} \int_0^{\sqrt{\varepsilon^2 - r'^2}} s\,ds \int_0^{2\varpi} \mathrm{F}_2\,ds_1 - \frac{d}{dr'} \int_0^{\sqrt{\varepsilon^2 - r'^2}} s\,ds \int_0^{2\varpi} f_2\,ds_1 \right),$$

en observant que $f(x, y, z)$ est nulle pour les valeurs de x, y, z qui ne se rapportent pas à des points compris dans la sphère (E), et F_2, f_2 procédant de F, f, comme cela a été expliqué pour F_2 dans les n^os **19** et **20**.

25. On déduit facilement de l'équation (41) que φ est nulle pour les points extérieurs à la sphère (E), tant que t ne tombe pas entre $\frac{r-\varepsilon}{a}$ et $\frac{r+\varepsilon}{a}$ (n° **11**); donc, le mouvement n'a, en chacun de ces points, qu'une durée qui ne peut excéder $\frac{2\varepsilon}{a}$, et le repos s'y rétablit ensuite complétement.

Pour tout point intérieur ou extérieur à la sphère (E), on a, d'après les équations (38) et (41),

$$\mu = \frac{1}{4\varpi} \sum \cdot \left(t\frac{d\mathrm{F}}{dx} + \frac{df}{dx} + t\frac{d^2 f}{dx\,dt} \right) d\omega$$

[F et f représentant, comme dans l'équation (41), ce que deviennent F (x, y, z) et $f(x, y, z)$, par la substitution des binômes (A) à x, y, z], et deux valeurs semblables pour v, w; or, il résulte de ces expressions, que le repos se rétablit aussi en chaque point compris dans la sphère de l'ébranlement initial, lorsque t surpasse $\frac{r+\varepsilon}{a}$.

Il y a donc une différence qui me paraît assez remarquable, entre les conséquences auxquelles conduisent les équations (23) et (41), par

4

rapport au retour des molécules à l'état de repos, qui ne semble pas devoir nécessairement s'établir après que le mouvement vibratoire a cessé, d'après l'équation (23) du n° **15**.

26. En vertu de l'équation (42), φ est de la forme

$$\varphi = \frac{1}{r}\,\Phi(r', \lambda, \mu),$$

comme lorsqu'on ne fait aucune hypothèse particulière sur U, V, W ; donc, on déduirait de cette équation les conséquences que j'ai déjà exposées dans les n°s **21** et suivants, soit relativement à la direction et à la grandeur des vitesses propres des molécules du fluide, soit relativement à la condensation ou à la dilatation qu'elles éprouvent pendant la durée du mouvement.

§ V.

De la marche suivie dans cette thèse.

27. Les premiers travaux mathématiques sur la propagation du son dans un milieu indéfini sont dus à Lagrange ; Euler s'en est ensuite occupé, puis Laplace qui a rectifié la valeur de la vitesse de propagation du mouvement, en tenant compte de la chaleur développée par la compression ; enfin, Poisson a consacré à ce problème deux de ses beaux Mémoires sur la physique mathématique.

Les deux premiers de ces illustres savants ont supposé que la masse fluide étendue indéfiniment en tous sens, a d'abord été ébranlée semblablement suivant toutes les directions, autour du point pris pour origine des coordonnées ; alors $u\,dx + v\,dy + w\,dz$ est toujours égale à la différentielle relative à r, d'une fonction de r et de t ; et l'équation qu'il s'agit d'intégrer ne diffère pas de celle du problème des cordes vibrantes.

Dans le premier en date des deux Mémoires de Poisson, il avait adopté l'hypothèse du *trinôme des vitesses différentielle exacte,* et transformé premièrement en coordonnées polaires l'équation (9) à laquelle il arrivait par le théorème de Lagrange sur ce trinôme.

Si l'on appliquait cette transformation à l'équation (8), d'après les formules (24), on aurait [*]

$$\frac{d^2 \cdot r\varphi}{dt^2} = a^2 \left[\frac{d^2 \cdot r\varphi}{dr^2} + \frac{1}{r^2 \sin^2 \mu} \frac{d^2 \cdot r\varphi}{d\lambda^2} + \frac{1}{r^2 \sin \mu} \frac{d\left(\sin \mu \frac{d \cdot r\varphi}{d\mu}\right)}{d\mu} \right] + r\Psi_1(r, \lambda, \mu),$$

Ψ_1 représentant ici ce que devient Ψ par la substitution, au lieu de x, y, z, de leurs valeurs (24).

En intégrant les deux membres depuis o jusqu'à 2ϖ pour λ, et depuis o jusqu'à ϖ pour μ, après les avoir multipliés par $\sin \mu \, d\lambda \, d\mu$, comme dans ce Mémoire, on a

$$(\Phi) \qquad\qquad \frac{d^2 \cdot r\Phi}{dt^2} = a^2 \frac{d^2 \cdot r\Phi}{dr^2} + r\chi,$$

---

[*] On peut la faire d'une manière assez peu connue, au moyen de deux remarques fort simples :

1°. φ étant une fonction de x, y, z, ou du moins une fonction dans laquelle x, y, z sont regardées comme les seules variables, la quantité

$$\left(\frac{d\varphi}{dx}\right)^2 + \left(\frac{d\varphi}{dy}\right)^2 + \left(\frac{d\varphi}{dz}\right)^2$$

ne change pas de forme ni de valeur, quand on déplace, d'une manière quelconque, les axes rectangulaires des x, y, z.

2°. La variation de l'intégrale triple

$$\int\int\int \left[\left(\frac{d\varphi}{dx}\right)^2 + \left(\frac{d\varphi}{dy}\right)^2 + \left(\frac{d\varphi}{dz}\right)^2 \right] dx \, dy \, dz,$$

étendue à tous les éléments du volume compris dans une enveloppe constante et provenant de celle d'un paramètre quelconque contenu dans la fonction φ, est

$$-2 \int\int\int \delta\varphi \cdot \left(\frac{d^2\varphi}{dx^2} + \frac{d^2\varphi}{dy^2} + \frac{d^2\varphi}{dz^2}\right) dx \, dy \, dz.$$

Cela posé, si l'on diirige les nouveaux axes comme cela est expliqué à l'article **21**, on a, d'après les formules (32),

$$\left(\frac{d\varphi}{dx}\right)^2 + \left(\frac{d\varphi}{dy}\right)^2 + \left(\frac{d\varphi}{dz}\right)^2 = \left(\frac{d\varphi}{dr}\right)^2 + \frac{1}{r^2 \sin^2 \mu} \left(\frac{d\varphi}{d\lambda}\right)^2 + \frac{1}{r^2} \left(\frac{d\varphi}{d\mu}\right)^2;$$

4..

si l'on pose

$$\int_0^{2\varpi} d\lambda \int_0^{\varpi} \varphi \sin\mu \, d\mu = \Phi,$$

et

$$\int_0^{2\varpi} d\lambda \int_0^{\varpi} \Psi_i \sin\mu \, d\mu = \chi,$$

d'ailleurs,

$$dx \, dy \, dz = r^2 \sin\mu \, dx \, d\lambda \, d\mu;$$

donc

$$\int\int\int \left[\left(\frac{d\varphi}{dx}\right)^2 + \left(\frac{d\varphi}{dy}\right)^2 + \left(\frac{d\varphi}{dz}\right)^2 \right] dx \, dy \, dz$$
$$= \int\int\int \left[\left(\frac{d\varphi}{dr}\right)^2 + \frac{1}{r^2 \sin^2\mu}\left(\frac{d\varphi}{d\lambda}\right)^2 + \frac{1}{r^2}\left(\frac{d\varphi}{d\mu}\right)^2 \right] \sin\mu \, dr \, d\lambda \, d\mu;$$

ces intégrales triples s'étendant à tous les éléments d'un espace déterminé.

Les variations de ces intégrales correspondantes à celles d'un paramètre quelconque contenu dans la fonction φ doivent être égales ; donc

$$\int\int\int \delta\varphi \left(\frac{d^2\varphi}{dx^2} + \frac{d^2\varphi}{dy^2} + \frac{d^2\varphi}{dz^2}\right) dx \, dy \, dz$$
$$= \int\int\int \delta\varphi \left[\frac{d.\left(r^2 \frac{d\varphi}{dr}\right)}{dr} + \frac{1}{\sin^2\mu}\frac{d^2\varphi}{d\lambda^2} + \frac{1}{\sin\mu}\frac{d.\left(\sin\mu \frac{d\varphi}{d\mu}\right)}{d\mu} \right] \sin\mu \, dr \, d\lambda \, d\mu;$$

et, comme cette égalité doit subsister quelle que soit $\delta\varphi$ pour chacun des éléments de volume représentés par

$$dx \, dy \, dz = r^2 \sin\mu \, dr \, d\lambda \, d\mu,$$

on a

$$\frac{d^2\varphi}{dx^2} + \frac{d^2\varphi}{dy^2} + \frac{d^2\varphi}{dz^2} = \frac{1}{r^2}\left[\frac{d.\left(r^2 \frac{d\varphi}{dr}\right)}{dr} + \frac{1}{\sin^2\mu}\frac{d^2\varphi}{d\lambda^2} + \frac{1}{\sin\mu}\frac{d.\left(\sin\mu \frac{d\varphi}{d\mu}\right)}{d\mu} \right].$$

Enfin, si l'on observe que

$$\frac{1}{r}\frac{d.\left(r^2 \frac{d\varphi}{dr}\right)}{dr} = r\frac{d^2\varphi}{dr^2} + 2\frac{d\varphi}{dr} = \frac{d.\left(r\frac{d\varphi}{dr} + \varphi\right)}{dr} = \frac{d^2.r\varphi}{dr^2},$$

et que

$$r\frac{d^2\varphi}{dt^2} = \frac{d^2.r\varphi}{dt^2},$$

on tombe facilement sur l'équation du texte.

Φ étant une fonction de r et de t, et χ une fonction de r seulement.

Or, il est facile de vérifier que l'expression

$$r\Phi = f_1(r + at) + f_2(r - at) - \frac{1}{a^2} \int_0^r dr \int_0^r r\chi\, dr,$$

contenant deux fonctions arbitraires f_1 et f_2, satisfait à l'équation (Φ); mais on ne déduit que très-péniblement les propriétés de la fonction φ, qu'on a besoin de connaître, de celles de Φ, ét l'on ne parvient pas ainsi à la loi des intensités du son à différentes distances du centre d'ébranlement. C'est par la réduction de sa quantité φ en une série d'intégrales ordonnée suivant le nombre croissant des intégrations, que Poisson a d'abord démontré cette loi.

23. J'ai principalement dû puiser dans le second de ces deux Mémoires; je vais indiquer brièvement en quoi je m'en suis surtout écarté.

J'ai fait usage (n^{os} **6** et suivants), pour parvenir à la valeur (20), de considérations bien différentes de celles qui s'y trouvent; car, c'est par la formule de Fourier étendue à trois variables, que cette valeur y est obtenue : la marche que j'ai suivie est due, je crois, à M. Liouville.

Il m'a paru convenable d'étudier d'abord le mouvement sans rien supposer de particulier sur le mode d'ébranlement initial, et de ne passer qu'ensuite à l'examen de l'hypothèse que le trinôme $\mathrm{U}\,dx + \mathrm{V}\,dy + \mathrm{W}\,dz$ soit la différentielle d'une fonction de x, y, z; car on est plus logiquement conduit à faire cette hypothèse particulière, après qu'on a reconnu (n° **11**) que $u\,dx + v\,dy + w\,dz$ est toujours la différentielle relative à x, y, z d'une fonction de ces trois variables et de t pour les points extérieurs à la sphère d'ébranlement.

Au lieu de déduire de la valeur (20) de φ, celle qui convient à ce cas particulier, je remonte à l'équation de laquelle cette fonction doit dépendre, ce qui m'a paru beaucoup plus simple.

Enfin, je ferai remarquer que j'ai essayé de fixer rigoureusement (n^{os} **17** et suivants) la nature des variables auxiliaires θ' et ψ' employées par Poisson pour transformer une équation semblable à (41), en appliquant sa transformation à la valeur de φ fournie par l'équation (22); j'ose croire qu'on ne me saura pas mauvais gré d'avoir insisté un peu longuement sur ce point qui est important, car de là dépendent toutes les réductions subséquentes qui permettent d'arriver à la loi de l'intensité du son.

Vu et approuvé,

Le 9 Octobre 1849.

Le Doyen de la Faculté des Sciences,

DUMAS.

Permis d'imprimer,

L'Inspecteur général de l'Université,

Vice-Recteur de l'Académie de Paris,

ROUSSELLE.

THÈSE D'ASTRONOMIE.

SUR

LES RÉFRACTIONS ATMOSPHÉRIQUES.

Préliminaires.

1. La simple inspection du mouvement des corps célestes, un petit nombre étant exceptés, a conduit à cette idée fondamentale qu'on peut s'en rendre compte en les supposant enchâssés dans une sphère qui tournerait autour d'un diamètre fixe passant par l'œil de l'observateur et incliné à son horizon.

Le plus grand nombre d'entre eux a donc reçu le nom d'*astres fixes,* et quelques-uns celui de *planètes;* parce que les premiers se lèvent et se couchent aux mêmes points de l'horizon, et semblent décrire respectivement les mêmes cercles dans le ciel ; tandis que les derniers se déplacent parallèlement à l'axe fixe du mouvement général, et que leur mouvement paraît pouvoir être décomposé en deux autres fictifs, l'un parallèle, l'autre perpendiculaire à cet axe.

Les observations faites au moyen des gnomons et du cadran équinoxial pour le soleil, des armilles, des cercles ou secteurs équatoriaux et des machines parallactiques pour le soleil et les autres astres visibles avec ces instruments, confirment cette première apparence.

Cependant les anciens astronomes avaient remarqué vers l'horizon une irrégularité qu'ils n'avaient guère, dit Délambre, le moyen de mesurer, et qu'ils attribuèrent à l'existence des vapeurs qui s'y trouvent en plus grande abondance qu'à une certaine hauteur.

Grâce à l'invention des lunettes, à celle des horloges, et aux perfectionnéments apportés dans la construction des instruments, les astronomes modernes ont fini par reconnaître que cette irrégularité se faisait sentir à toute distance zénithale; et comme elle s'explique par la théorie physique de la simple réfraction, le nom de *réfraction atmosphérique* lui a été attribué.

Voici comment on peut s'assurer de l'existence de cette irrégularité.

Soient P le pôle, Z le zénith de l'observateur, PMP′ son méridien, et A la position apparente d'une étoile.

On obtient de diverses manières la distance zénithale PZ du pôle; ou peut observer la distance méridienne PA′ de l'étoile au pôle qui est le complément de sa déclinaison, ainsi que sa distance zénithale AZ et son azimut PZA; enfin, on peut déduire de l'observation du passage de l'étoile au méridien, l'angle horaire APZ, différence des ascensions droites du zénith et de l'astre, d'après la loi probable du mouvement diurne circulaire et uniforme, par laquelle on a d'ailleurs

$$PA = PA'.$$

Or, si l'on calcule, par les formules de trigonométrie sphérique, l'angle PZA et le côté AZ du triangle APZ, d'après les trois autres parties connues; on trouve généralement :

1°. Une valeur de cet angle qui s'accorde à peu près avec l'azimut observé ;

2°. Une valeur de ce côté supérieure à la distance zénithale également observée.

En outre, on reconnaît que l'excès dont il s'agit, fort petit jusqu'à 45 degrés où il n'atteint pas 1 minute, croît avec la distance apparente au zénith, qu'il dépasse 30 minutes à l'horizon, et qu'il est à très-peu près le même pour toute étoile à la même distance zénithale, lorsque les circonstances météorologiques dans lesquelles on observe ne diffèrent pas beaucoup; ce qui éloigne l'idée que cette circonstance tienne à une irrégularité dans le mouvement circulaire apparent du ciel.

On sait d'ailleurs que la masse gazeuse qui entoure la Terre et forme son atmosphère, présente des densités décroissantes à mesure que l'on s'éloigne de la surface, et que l'air sec ou mêlé de vapeur aqueuse, à des degrés de condensation différents, n'a pas le même pouvoir réfringent; d'où il suit que la trace, dans l'atmosphère, d'un rayon de lumière émis ou réfléchi par un astre semble devoir être une courbe concave vers le plan horizontal de l'observateur; ce qui s'accorde avec le résultat fourni par la combinaison de la loi si simple du mouvement circulaire et de l'observation, puisque cela aurait évidemment pour effet d'élever cet astre.

Le phénomène de la réfraction était connu des anciens astronomes, au moins depuis Ptolémée; mais ils ne pouvaient l'appliquer à l'explication de l'irrégularité dont il s'agit, faute d'idées justes sur la constitution de l'atmosphère, et parce que leurs instruments n'étaient pas assez précis pour qu'elle ne se confondît pas le plus souvent avec les erreurs d'observation. Parmi les modernes, Tycho-Brahé croyait encore que les réfractions étaient nulles pour les hauteurs apparentes plus grandes que 45 degrés; Dominique Cassini (auteur d'une Table de réfraction publiée en 1661) a le premier proposé une hypothèse au moyen de laquelle il les a calculées pour toute hauteur, et Newton a commencé (suivant M. Biot) à en fonder la véritable théorie vers la fin du xviie siècle.

Calcul de la force qui dévie la lumière quand elle traverse
l'atmosphère.

2. La force qui, dans le système de l'émission, dévie la lumière lorsqu'elle traverse un milieu dont la densité et même la composition peuvent varier d'un point à un autre, est de l'espèce des forces moléculaires; car on admet qu'elle décroît avec une excessive rapidité lorsque la distance augmente, et qu'elle devient insensible à de très-petites distances.

L'expression de cette force a d'abord été donnée par Kramp [*], puis ensuite par l'illustre auteur de la *Mécanique céleste* [**].

---

[*] *Analyse des réfractions.*

[**] Chap. II, liv. X, tome IV.

Cés deux géomètres supposent que la Terre est sphérique et entourée d'une atmosphère formée de couches d'air également sphériques et concentriques à la terre, dont la densité est une fonction de la hauteur à partir de sa surface. Ils ne tiennent pas compte de la vapeur aqueuse qui est mêlée à l'air en différentes proportions [*] ; mais Laplace remarque que son équation différentielle de la réfraction peut toujours être employée, en y mettant *la force réfractive* au lieu de la densité, et il indique l'influence qu'une humidité extrême dans le lieu de l'observation peut avoir sur la réfraction calculée d'après ses formules.

Le raisonnement de Kramp me paraissant le plus direct, je vais l'exposer avec quelques modifications.

Soit m une particule lumineuse parvenue au sein de l'atmosphère, à la distance r du centre de la Terre ; la force qui la dévie est dirigée suivant la droite mO menée de sa position à ce centre, pourvu seulement que l'atmosphère soit décomposable en couches sphériques d'égal pouvoir réfringent, et que ce pouvoir croisse à partir d'une hauteur quelconque quand on se rapproche de la surface de la Terre.

Soient yy' la trace sur un plan quelconque conduit suivant mO de la sphère de rayon r concentrique à la Terre ; et $\gamma\rho$ la *force réfractive* de Laplace à la distance r, ρ étant la densité. Décrivons de m comme centre, avec les rayons z et $z + dz$, deux surfaces sphériques dont les traces sur le plan yOy' sont les circonférences AB et CD ; partageons l'air compris entre elles par des surfaces sphériques concentriques à la Terre ; et soient MM' et NN' les traces sur yOy' de deux de ces surfaces dont les rayons sont supérieurs ou inférieurs à r, de x et de $x + dx$.

L'action de l'air compris entre les quatre sphères AB, CD, MM' et NN' sur la particule lumineuse m, peut être considérée comme proportionnelle à son volume et à son pouvoir réfractif. Or, ce volume est exprimé par $2\varpi z\, dz\, dx$, en négligeant un infiniment petit par rapport à ce produit ; et ce pouvoir est exprimé par $\gamma\rho \pm \frac{d(\gamma\rho)}{dr} x$ [**], en né-

---

[*] M. Biot a beaucoup insisté sur cette circonstance dans son Mémoire sur les réfractions lu à l'Institut en 1836.

[**] Je mets le double signe parce que je suppose x positif au dedans comme au dehors de la sphère yy'.

gligeant les puissances supérieures à la première de l'accroissement x de r, ce qui ne saurait produire une erreur sensible, puisque x ne peut surpasser le rayon extrêmement petit de la sphère d'action de l'air sur la lumière. Donc, si l'on observe que les droites menées de m aux molécules qui composent cette petite masse d'air, font avec $m\,O$ des angles dont les cosinus sont sensiblement égaux à $\pm\frac{x}{z}$, et qu'on représente par $\varphi\,(z)$ une fonction très-rapidement décroissante lorsque z croît à partir de zéro, qui devienne nulle pour une valeur très-petite de z, on a

$$\pm\,2\varpi x\,dx\left[\gamma\rho\mp\frac{d(\gamma\rho)}{dr}x\right]\varphi\,(z)\,dz$$

pour l'action de cette partie, les signes supérieurs se rapportant au cas où elle est intérieure, et les autres à celui où elle est extérieure à la sphère yy'.

La somme des actions produites par deux parties correspondantes, situées de part et d'autre de yy', est

$$-4\varpi x^2\,dx\cdot\frac{d(\gamma\rho)}{dr}\cdot\varphi\,(z)\,dz;$$

et, pour avoir celle de l'air compris entre les sphères AB et CD, il suffirait d'intégrer, par rapport à x, depuis o jusqu'à $z+dz$; mais on peut substituer z à cette dernière limite, ce qui n'altérera le résultat que d'une quantité infiniment petite par rapport à lui-même, de sorte que l'on a

$$-4\varpi\cdot\frac{d(\gamma\rho)}{dr}\cdot\varphi\,(z)\cdot\frac{z^3}{3}\cdot dz.$$

Enfin, l'action totale de l'atmosphère sur la particule lumineuse m, s'obtient en intégrant de nouveau, par rapport à z, depuis o jusqu'à z_i (z_i étant le rayon de la sphère d'action); ce qui donne

$$-2\,\mathrm{K}\cdot\frac{d(\gamma\rho)}{dr},$$

en posant

$$4\varpi\int_0^{z_i}\varphi\,(z)\cdot\frac{z^3}{3}\,dz=2\,\mathrm{K};$$

5..

mais, comme on admet que K varie très-lentement par rapport à r, on peut faire entrer cette quantité sous le signe de différentiation, et l'on prend

$$- 2 \frac{d(k\rho)}{dr},$$

en remplaçant $K\gamma$ par k; ce qui revient évidemment à ajouter à l'expression précédente, la quantité $- 2\gamma\rho \frac{d.\mathrm{K}}{dr}$, que l'on regarde comme relativement insensible.

Équation de la trajectoire lumineuse.

3. Cela posé, le principe des forces vives, qui est applicable au mouvement de la particule lumineuse m, entendu ainsi, fournit

$$\frac{1}{2} d.v^2 = 2 \frac{d(k\rho)}{dr} dr;$$

et, en intégrant depuis une valeur de r pour laquelle on ait $\rho = 0$ et $v = v_0$, il vient

$$v^2 = v_0^2 + 4k\rho.$$

Le principe des aires est aussi applicable, puisque ce mouvement est considéré comme produit par une force centrale, et l'on a

$$(1) \qquad \frac{r \sin \omega}{r_1 \sin \omega_1} = \frac{\sqrt{1 + 4 \frac{k_1 \rho_1}{v_0^2}}}{\sqrt{1 + 4 \frac{k \rho}{v_0^2}}},$$

en désignant par ω et ω_1 les angles que les tangentes à la trajectoire lumineuse aux extrémités des rayons r et r_1 font avec ces rayons; car les distances $r \sin \omega$, $r_1 \sin \omega_1$ du centre à ces tangentes sont, d'après un théorème connu, inversement proportionnelles aux vitesses correspondantes.

L'élimination de ω entre l'équation (1) et l'équation connue

$$(2) \qquad \operatorname{tang} \omega = r \cdot \frac{dr}{d\varphi},$$

dans laquelle φ est l'angle du rayon variable r et du rayon fixe r_1 aboutissant au spectateur, donne

$$(3) \qquad d\varphi = - \frac{r_1 \sin \omega_1 \left(1 + 4\frac{k_1\rho_1}{v_0^2}\right) dr}{r^2 \sqrt{\left(1 + 4\frac{k\rho}{v_0^2}\right) - \frac{r_1^2}{r^2}\left(1 + 4\frac{k_1\rho_1}{v_0^2}\right)}},$$

d'où se déduirait entre r et φ l'équation polaire de la trajectoire lumineuse, par une simple intégration de fonction d'une seule variable, si l'expression de $k\rho$ était connue en fonction de r.

Il n'est pas possible d'avoir cette expression, mais on peut du moins reconnaître que $4\frac{k\rho}{v_0^2}$ doit toujours être une petite fraction. En effet, le rapport $\frac{r}{r_1}$ surpasse peu l'unité [*], même lorsqu'on donne à r la valeur correspondante à la limite de l'atmosphère, et à r_1 celle du rayon moyen de la Terre; donc on a, approximativement,

$$\frac{\sin \omega}{\sin \omega_1} = \sqrt{1 + 4\frac{k_1\rho_1}{v_0^2}} = i_1,$$

i_1 étant l'indice de réfraction relatif au passage du vide dans l'air doué du pouvoir réfringent $4\frac{k_1\rho_1}{v_0^2}$, et l'on tire de là

$$(3\ bis) \qquad 4\frac{k_1\rho_1}{v_0^2} = i_1^2 - 1,$$

qui serait tout à fait exacte pour des milieux séparés par un plan.

Cette équation donne, d'après les expériences de MM. Biot et Arago, $4\frac{k_1\rho_1}{v_0^2} = 0,000588768$ environ pour de l'air sec, à la température o degré, sous la pression $0^m,76$; et, si l'on étend par induction à toute hauteur l'identité de composition de l'air constatée pour celles où l'on a pu s'élever jusqu'à présent, il résulte des mêmes expériences

---

[*] Delambre fixe, d'après les phénomènes crépusculaires, la hauteur de l'atmosphère à $0,01122 r_1 = 70808$ mètres environ, de sorte que $\frac{r}{r_1}$ ne surpasserait pas $1,01122$. (*Astronomie physique*, chap. XIII.)

que k est constant, quelle que soit la quantité proportionnelle de vapeur aqueuse mêlée à l'air, de sorte que $4\frac{k\rho}{v_0^2}$ est proportionnelle à la densité ρ. Donc, ce pouvoir est d'abord fort petit, puis décroît à mesure qu'on s'élève.

Enfin, même quand on n'admet pas l'identité de composition, il paraît infiniment probable que le pouvoir réfringent décroît encore, suivant une loi moins simple.

Il est utile de remarquer que, d'après cela, la dérivée $4\frac{d}{dr}\left(\frac{k\rho}{v_0^2}\right)$ est toujours négative, très-petite en valeur absolue. et décroissante; ce que l'on rend sensible, en se figurant la courbe dont les abscisses seraient les valeurs de r, et les ordonnées, celles de $4\frac{k\rho}{v_0^2}$ respectivement correspondantes.

Diverses formes de l'équation de la réfraction.

4. Ce qui importe, ce n'est pas de connaître la forme de la trajectoire d'une particule lumineuse [*], mais bien la réfraction relative à un astre vu dans une certaine position, et il est permis de prendre pour cette réfraction, même lorsqu'il s'agit de la Lune, la somme des flexions qu'un rayon de lumière émis ou réfléchi éprouve dans l'atmosphère, en négligeant le diamètre apparent de cette partie de la trajectoire vue de l'astre.

θ représentant l'angle variable que la tangente à la trajectoire fait avec le prolongement du rayon r, il s'agit donc de calculer l'intégrale de $d\theta$ depuis $r = r_1$ jusqu'à $r = r_2$, r_2 étant la valeur de r correspondante à la limite de l'atmosphère.

On peut déduire de la relation évidente

$$(4) \qquad \theta = \varphi + \omega,$$

de l'équation (1) et de l'équation (2), qui est préférable à l'équation (3) en raison de sa simplicité, plusieurs expressions de $d\theta$.

---

[*] Newton paraît s'y être attaché. (Mémoire de M. Biot.)

1°. On tire de l'équation (1)

$$\sin \omega \, dr + \cos \omega . r \, d\omega$$

$$= - r_1 \sin \omega_1 \sqrt{1 + 4\frac{k_1 \rho_1}{v_0^2}} \cdot \frac{2\, d\left(\frac{k\rho}{v_0^2}\right)}{\left(1 + 4\frac{k\rho}{v_0^2}\right)^{\frac{3}{2}}} = - \frac{2\, r \sin \omega \, d\left(\frac{k\rho}{v_0^2}\right)}{1 + 4\frac{k\rho}{v_0^2}},$$

de l'équation (2)

$$\sin \omega \, dr = \cos \omega . r \, d\varphi,$$

et de l'équation (4)

$$d\omega + d\varphi = d\theta;$$

donc on a

$$(5) \qquad d\theta = - \frac{2 \tang \omega \, d\left(\frac{k\rho}{v_0^2}\right)}{1 + 4\frac{k\rho}{v_0^2}},$$

puis, en remplaçant $\tang \omega$ par la valeur

$$\frac{\frac{r_1}{r} \sin \theta_1 \sqrt{1 + 4\frac{k_1 \rho_1}{v_0^2}}}{\sqrt{1 + 4\frac{k\rho}{v_0^2} - \frac{r_1^2}{r^2} \sin^2 \theta_1 \left(1 + 4\frac{k_1 \rho_1}{v_0^2}\right)}},$$

qu'on tire de l'équation (1) en écrivant θ_1 au lieu de ω_1, puisque ces deux arcs sont égaux, il vient

$$(6) \qquad d\theta = - \frac{2 r_1 \sin \theta_1 \sqrt{1 + 4\frac{k_1 \rho_1}{v_0^2}} \cdot d\left(\frac{k\rho}{v_0^2}\right)}{\left(1 + 4\frac{k\rho}{v_0^2}\right) \sqrt{r^2 \left(1 + 4\frac{k\rho}{v_0^2}\right) - r_1^2 \sin^2 \theta_1 \left(1 + 4\frac{k_1 \rho_1}{v_0^2}\right)}},$$

les radicaux devant être pris positivement afin que $d\theta$ soit positive.

2°. Si l'on remplace dans l'équation (5) $\tang \omega$ par sa valeur (2), on a

$$(7) \qquad d\theta = - \frac{2 \frac{d}{dr}\left(\frac{k\rho}{v_0^2}\right) \cdot r \, d\varphi}{1 + 4\frac{k\rho}{v_0^2}},$$

qui se réduit à

$$(7\ bis)\qquad d\theta = -\ \frac{2\frac{k}{v_0^2}\cdot\frac{d\rho}{dr}\cdot r\,d\varphi}{1+4\frac{k\rho}{v_0^2}},$$

en supposant k constant, et qui, suivant M. Biot, a été employée par Newton.

3°. Enfin, si l'on remplace, dans l'expression (7), $d\varphi$ par sa valeur tirée de l'équation (4), on trouve encore

$$(8)\qquad d\theta = \frac{2\,r\cdot\frac{d}{dr}\!\left(\frac{k\rho}{v_0^2}\right)\cdot d\omega}{1+4\frac{k\rho}{v_0^2}+2\,r\cdot\frac{d}{dr}\!\left(\frac{k\rho}{v_0^2}\right)}\ .$$

Intégration de l'équation (6). — *Hauteurs apparentes supérieures a* 10 *degrés ou même à* 15 *degrés.*

5. L'équation (6), ou du moins celle qu'on en déduit par le chaugement de k en k_1, se trouve intégrée dans la *Mécanique céleste,* par le développement en série. Le premier terme de la série ne dépend que de données relatives à la station de l'observateur, et il est démontré que les suivantes n'ont qu'une très-petite influence quand la distance zénithale θ_1 ne surpasse pas 78 degrés [*]. La brièveté de cette exposition ne me permet pas d'entrer ici dans le détail du calcul.

Voici, à peu de chose près, comment M. Biot a traité le même sujet.

Soit ω' la valeur de ω correspondante à

$$\omega_1 = \theta_1 = 90°,$$

et qui varie seulement avec r. On a, d'après l'équation (1), l'équation

$$(8\ bis)\qquad \sin\omega' = \frac{r_1}{r}\cdot\frac{\sqrt{1+4\frac{k_1\rho_1}{v_0^2}}}{\sqrt{1+4\frac{k\rho}{v_0^2}}},$$

---

[*] Ce cas d'approximation avait été signalé par Oriani (*Éphémérides de Milan,* 1788).

de laquelle il résulte d'abord que $r \sqrt{1 + 4\frac{k\rho}{v_0^2}}$ croît avec r, bien que $4\frac{k\rho}{v_0^2}$ diminue en même temps, car l'observation exclut en général des trajectoires sinueuses, de sorte que ω' diminue constamment depuis 90 degrés. L'équation (1) se réduit à

$$\sin \omega = \sin \theta_1 \sin \omega',$$

et en chassant $\operatorname{tang} \omega$ de l'équation (5) au moyen de cette expression de $\sin \omega$, on a

$$d\theta = - \frac{2 \operatorname{tang} \theta_1 . \sin \omega' . d \left(\frac{k\rho}{v_0^2} \right)}{\left(1 + 4 \frac{k\rho}{v_0^2} \right) \sqrt{1 + \operatorname{tang}^2 \theta_1 \cos^2 \omega'}},$$

que M. Biot met sous la forme

$$(9) \quad \left\{ \begin{aligned} d\theta &= - \frac{2 \operatorname{tang} \theta_1 . \sin \omega' . d \left(\frac{k\rho}{v_0^2} \right)}{1 + 4 \frac{k\rho}{v_0^2}} \\ &+ \frac{2 \operatorname{tang}^3 \theta_1 . \sin \omega' . \cos^2 \omega' . d \left(\frac{k\rho}{v_0^2} \right)}{\left(1 + 4 \frac{k\rho}{v_0^2} \right) \left(1 + \operatorname{tang}^2 \theta_1 \cos^2 \omega' + \sqrt{1 + \operatorname{tang}^2 \theta_1 \cos^2 \omega'} \right)} [{}^{*}]. \end{aligned} \right.$$

1°. Il pose alors

$$1 - \frac{1}{\sqrt{1 + 4 \frac{k\rho}{v_0^2}}} = 2z,$$

[{}^{*}] On y est conduit lorsqu'on essaye de décomposer le coefficient de $d \left(\frac{k\rho}{v_0^2} \right)$ en une somme de deux fractions, dont l'une soit rationnelle; si l'on égale pour cela ce coefficient à

$$- \frac{2 \operatorname{tang} \theta_1 \sin \omega'}{1 + 4 \frac{k\rho}{v_0^2}} + \frac{A}{\sqrt{1 + \operatorname{tang}^2 \theta_1 \cos^2 \omega'}} :$$

on tire effectivement de cette égalité

$$A = \frac{2 \operatorname{tang} \theta_1 \sin \omega'}{1 + 4 \frac{k\rho}{v_0^2}} \left(\sqrt{1 + \operatorname{tang}^2 \theta_1 \cos^2 \omega'} - 1 \right).$$

6

de sorte que le premier terme de cette expression de $d\theta$ devient

$$- 2 \tang \theta_1 \sqrt{1 + 4 \frac{k_1 \rho_1}{v_0^2}} \cdot \frac{r_1 \, dz}{r},$$

en vertu de l'équation (8 *bis*); et l'intégrale de ce premier terme, prise depuis $\rho = \rho_1$ jusqu'à $\rho = 0$, se ramène, au moyen de l'intégration par parties, à

$$\tang \theta_1 \left[\sqrt{1 + 4 \frac{k_1 \rho_1}{v_0^2}} \left(1 + \frac{l}{r_1} \int_{\rho_1}^{0} \frac{4 \frac{k}{v_0^2} \cdot \rho_1 \cdot \frac{dp}{p_1}}{1 + 4 \frac{k \rho}{v_0^2} + \sqrt{1 + 4 \frac{k \rho}{v_0^2}}} \right) - 1 \right],$$

en remplaçant $\dfrac{r_1 \, dr}{r^2}$ par sa valeur $-\dfrac{l}{r_1} \cdot \dfrac{\rho_1}{\rho} \cdot \dfrac{dp}{p_1}$, déduite de l'équation d'équilibre des couches de l'atmosphère, qui est

$$dp = - g \frac{r_1^2}{r^2} \rho \, dr,$$

et de

$$p_1 = g \rho_1 l.$$

L'intégrale non encore effectuée tombe évidemment entre

$$\int_{\rho_1}^{0} 2 \frac{k}{v_0^2} \cdot \rho_1 \cdot \frac{dp}{p_1} = - 2 \frac{k_1 \rho_1}{v_0^2} \cdot \moy\left(\frac{k}{k_1}\right) \cdots \text{(limite inférieure)}$$

et

$$\frac{4 \frac{k_1 \rho_1}{v_0^2}}{1 + 4 \frac{k_1 \rho_1}{v_0^2} + \sqrt{1 + 4 \frac{k_1 \rho_1}{v_0^2}}} \int_{\rho_1}^{0} \frac{k}{k_1} \frac{dp}{p_1}$$

$$= - \frac{4 \frac{k_1 \rho_1}{v_2^0}}{1 + 4 \frac{k_1 \rho_1}{v_0^2} + \sqrt{1 + 4 \frac{k_1 \rho_1}{v_0^2}}} \cdot \moy\left(\frac{k}{k_1}\right) \cdots \text{(limite supérieure)};$$

donc, celle du premier terme dont il s'agit est comprise entre

$$\tang \theta_1 \left\{ \sqrt{1 + 4 \frac{k_1 \rho_1}{v_0^2}} \left[1 - \frac{4 \frac{l}{r_1} \cdot \frac{k_1 \rho_1}{v_0^2} \cdot \moy\left(\frac{k}{k_1}\right)}{1 + 4 \frac{k_1 \rho_1}{v_0^2} + \sqrt{1 + 4 \frac{k_1 \rho_1}{v_0^2}}} \right] - 1 \right\}$$

$$= \mathrm{R}'_1 \tang \theta_1 \ldots \text{(limite supérieure)},$$

et

$$\operatorname{tang}\theta_1\left\{\sqrt{1+4\frac{k_1\rho_1}{v_0^2}\left[1-2\frac{l}{r_1}\cdot\frac{k_1\rho_1}{v_0^2}\operatorname{moy}\left(\frac{k}{k_1}\right)\right]}-1\right\}$$
$$= R_1\operatorname{tang}\theta_1\ldots(\text{limite inférieure}).$$

$2°$. Le facteur

$$\frac{2\operatorname{tang}^3\theta_1.\sin\omega'}{\left(1+4\frac{k\rho}{v_0^2}\right)\left(1+\operatorname{tang}^2\theta_1\cos^2\omega'+\sqrt{1+\operatorname{tang}^2\theta_1\cos^2\omega'}\right)}$$

du second terme de l'expression (9) de $d\theta$ tombe entre $\operatorname{tang}^3\theta_1$ (limite supérieure), et

$$\frac{2\operatorname{tang}^3\theta_1.\sin\omega'_2}{\left(1+4\frac{k_1\rho_1}{v_0^2}\right)\left(1+\operatorname{tang}^2\theta_1.\cos^2\omega'_2+\sqrt{1+\operatorname{tang}^2\theta_1\cos^2\omega'_2}\right)}\quad(\text{limite inférieure}),$$

ω'_2 étant la valeur de ω' qui répond à $\rho=0$; car ω' décroît depuis $\frac{\varpi}{2}$. L'intégrale de ce terme, prise depuis $\rho=\rho_1$ jusqu'à $\rho=0$, est donc le produit de $\displaystyle\int_{\rho_1}^0\cos^2\omega'.d\left(\frac{k\rho}{v_0^2}\right)$ par une quantité comprise entre ces deux limites.

Or on a

$$\cos^2\omega'=1-\frac{r_1^2}{r^2}\cdot\frac{1+4\frac{k_1\rho_1}{v_0^2}}{1+4\frac{k\rho}{v_0^2}},$$

d'après l'équation (8 *bis*), et, par conséquent,

$$\cos^2\omega'<2\left(1-\frac{r_1}{r}\right)-\frac{r_1^2}{r_2^2}\frac{4\left(\frac{k_1\rho_1}{v_0^2}-\frac{k\rho}{v_0^2}\right)}{1+4\frac{k_1\rho_1}{v_0^2}},$$

et

$$>\left(1+\frac{r_1}{r_2}\right)\left(1-\frac{r_1}{r}\right)-4\left(\frac{k_1\rho_1}{v_0^2}-\frac{k\rho}{v_0^2}\right),$$

r_2 désignant la valeur de r correspondante à $\rho=0$; puis l'intégration par parties donne

$$\int_{\rho_1}^0\frac{r_1}{r}\cdot d\left(\frac{k\rho}{v_0^2}\right)=-\frac{k_1\rho_1}{v_0^2}\left[1-\frac{l}{r_1}\cdot\operatorname{moy}\left(\frac{k}{k_1}\right)\right],$$

6..

en remplaçant $\frac{r_1\,dr}{r^2}$ par la valeur déjà employée dans le calcul précédent. Donc, eu égard aux signes, il vient

$$\int_{\rho_1}^{0} \cos^2 . \,\omega' . \, d\left(\frac{k\rho}{v_0^2}\right) > - 2\,\frac{k_1\rho_1}{v_0^2}\left[\frac{l}{r_1}\cdot\operatorname{moy}\left(\frac{k}{k_1}\right) - \frac{r_1^2}{r_2^2}\,\frac{\frac{k_1\rho_1}{v_0^2}}{1+4\frac{k_1\rho_1}{v_0^2}}\right]$$

et

$$< - 2\,\frac{k_1\rho_1}{v_0^2}\left[\frac{1}{2}\left(1+\frac{r_1}{r_2}\right)\frac{l}{r_1}\operatorname{moy}\left(\frac{k}{k_2}\right) - \frac{k_1\rho_1}{v_0^2}\right] :$$

de sorte qu'en multipliant respectivement les seconds membres de ces inégalités par la limite supérieure et par la limite inférieure du coefficient de $\displaystyle\int_{\rho_1}^{0}\cos^2\omega'.\,d\left(\frac{k\rho}{v_0^2}\right)$, on a

$$- 2\tan^3\theta_1\cdot\frac{k_1\rho_1}{v_0^2}\left[\frac{l}{r_1}\cdot\operatorname{moy}\left(\frac{k}{k_1}\right) - \frac{r_1^2}{r_2^2}\,\frac{\frac{k_1\rho_1}{v_0^2}}{1+4\frac{k_1\rho_1}{v_0^2}}\right] = - R_2\tan^3\theta_1,$$

et

$$-\frac{4\tan^3\theta_1.\sin\omega_2'\cdot\dfrac{k_1\rho_1}{\rho_0^2}}{\left(1+4\dfrac{k_1\rho_1}{v_0^2}\right)\left(1+\tan^2\theta_1\cos^2\omega_2' + \sqrt{1+\tan^2\theta_1\cos^2\omega_2'}\right)}\left[\frac{1}{2}\left(1+\frac{r_1}{r_2}\right)\frac{l}{r_1}\operatorname{moy}\left(\frac{k}{k_1}\right)\frac{k_1\rho_1}{v_0^2}\right] = - R_2'\tan^3\theta_1,$$

pour deux limites, la première inférieure et la seconde supérieure, de l'intégrale du terme dont il s'agit.

3°. D'après cela,

$$R_{\theta_1} > R_1\tan\theta_1 - R_2\tan^3\theta_1 \quad\text{et}\quad R_{\theta_1} < R_1'\tan\theta_1 - R_2'\tan^3\theta_1,$$

et l'on prendra

$$(10)\qquad R_{\theta_1} = \frac{R_1+R_1'}{2}\tan\theta_1 - \frac{R_2+R_2'}{2\cdot}\tan^2\theta_1,$$

afin d'avoir une erreur moindre que la demi-différence des seconds membres des inégalités précédentes.

Pour traduire cette formule en nombres, on remplace $\operatorname{moy}\left(\frac{k}{k_1}\right)$ par 1, ce qui revient à supposer invariable le coefficient k, et n'est d'une exactitude bien constatée que pour les hauteurs jusqu'auxquelles on a pu s'élever ; mais l'erreur provenant de cette substitution dans les calculs de R_1, R_2, R'_1 et R'_2 est certainement très-atténuée, s'il y en a une, par la petitesse relative des facteurs qui multiplient la moyenne de $\frac{k}{k_1}$ qu'il faudrait prendre si k était variable.

On détermine $\frac{k_1 \rho_1}{v_0^2}$ par l'équation (3 *bis*), à l'aide d'une Table d'indices de réfraction, en tenant compte des indications météorologiques recueillies au moment où l'on a observé la distance apparente.

On prend pour l la valeur qui se déduit de $p_1 = g \rho_1 l$ d'après ces indications, en mettant pour g la valeur de la gravité au lieu de l'observation ; et pour r_2 la valeur de Delambre, qui est la plus généralement admise.

Enfin, l'angle ω'_2 se déduira de la formule (8 *bis*) en y faisant $\rho = 0$, $r = r_2$ et $\frac{r_2}{r_1} = 1,01122.$

M. Biot a trouvé ainsi qu'à la température 10 degrés et sous la pression $0^m,762$ la limite d'erreur

$$\frac{R_1 - R'_1}{2} \tan g\, \theta_1 + \frac{R'_2 - R_2}{2} \tan g^3\, \theta_1$$

était inférieure à $0'',3$ jusqu'à 74 degrés de distance au zénith, et qu'elle devenait supérieure à 2 secondes vers 80 degrés.

Il a constaté d'ailleurs une concordance assez parfaite entre quelques réfractions, calculées d'après la formule (10), et les réfractions correspondantes, prises dans la Table de M. Ivory, ou dans celle qui est publiée par le Bureau des Longitudes [*].

Intégration de l'équation (8). — *Règle de Bradley.* — *Quadratures.*

6. D'après les remarques qui terminent l'article **3**, le coefficient de $d\omega$ dans l'équation (8) est renfermé dans des limites assez étroites pour que, si l'on désigne par $\frac{1}{2n}$ une moyenne convenable de ce coefficient, on ait

$$R_{0_1} = -\frac{1}{2n} \int_{\rho_1}^{0} d\omega = \frac{1}{2n} \int_{0}^{\rho_1} d\omega,$$

[*] Elle a été calculée par MM. Bouvard et Arago, d'après les formules de Laplace.

avec une assez grande approximation ; or, on tire de l'équation (1),

$$\omega = \text{arc sin}\left[\frac{r_1}{r}\frac{\sqrt{1 + 4\frac{k_1\rho_1}{v_0^2}}}{\sqrt{1 + 4\frac{k\rho}{v_0^2}}} \cdot \sin\theta_1\right];$$

donc il vient

$$R_{\theta_1} = \frac{1}{2n}\left[\theta_1 - \text{arc sin}\left(\frac{r_1}{r_2}\sqrt{1 + 4\frac{k_1\rho_1}{v_0^2}} \cdot \sin\theta_1\right)\right],$$

d'où

$$m\sin\theta_1 = \sin\left(\theta_1 - 2nR_{\theta_1}\right),$$

en représentant $\frac{r_1}{r_2}\sqrt{1 + 4\frac{k_1\rho_1}{v_0^2}}$ par m ; et l'on tire de là, par un calcul facile,

$$(11) \qquad \text{tang} . nR_{\theta_1} = \frac{1 - m}{1 + m}\,\text{tang}\left(\theta_1 - nR_{\theta_1}\right),$$

puis l'équation du deuxième degré

$$\text{tang}^2 . nR_{\theta_1} + \frac{2}{(1 + m)\,\text{tang}\,\theta_1} \cdot \text{tang} . nR_{\theta_1} - \frac{1 - m}{1 + m} = 0,$$

dont les racines sont réelles et de signes contraires, car $\frac{1 - m}{1 + m} > 0$. Celle qui est positive et qui répond seule à la question, donne

$$(12) \qquad \left\{ \begin{aligned} \text{tang} . nR_{\theta_1} &= \frac{1 - m}{2}\,\text{tang}\,\theta_1 - \frac{(1 - m^2)(1 - m)}{8}\,\text{tang}^3\,\theta_1 \\ &\quad + \frac{(1 - m^2)^2(1 - m)}{16}\,\text{tang}^5\,\theta_1 - \ldots ; \end{aligned} \right.$$

et il est assez remarquable que les deux premiers termes de cette série soient précisément de même forme que ceux de la valeur (10) de R_{θ_1}. En remplaçant $\text{tang}\,nR_{\theta_1}$ par l'arc, on a l'expression indiquée dans l'*Astronomie théorique et pratique* (vol. I, chap. XIII, n° 25).

Le coefficient, dont la moyenne valeur convenable a été représentée par $-\frac{1}{2n}$, ne dépend pas de θ_1, de sorte que n doit conserver la même valeur pour toute distance apparente au zénith, et, d'ailleurs,

m est dans le même cas; donc il est possible de déterminer n et m par un certain nombre d'observations, et ensuite l'une des formules (11) ou (12) fournira une valeur approchée de R_{θ_1}. Je reviendrai sur ce sujet à la fin de cette Thèse.

L'équation (11) renferme la règle de Bradley; car si l'on y remplace $\tang n R_{\theta_1}$ par $n R_{\theta_1}$, ce qui ne peut entraîner qu'une légère erreur lorsque $n R_{\theta_1}$ est un arc assez petit, on en déduit que

« *Dans un même état de l'air, les réfractions à diverses distances* » *apparentes du zénith sont proportionnelles aux tangentes de ces* » *distances, diminuées du produit de la réfraction par un coefficient* » *constant* [*]. »

Cet astronome y a été conduit par une voie bien différente : « Halley, » dit M. Biot [**], ayant remarqué, d'après la Table qu'il publia, » en 1721, sous le nom de Newton, que, pour des distances zénithales » apparentes peu considérables, les réfractions étaient à peu près pro- » portionnelles aux tangentes de ces distances; Bradley eut l'heureuse » idée d'introduire, sous la caractéristique tang, un multiple des » réfractions, et de le déterminer de manière à pouvoir tirer de la » formule celles que des observations très-précises lui indiquaient. »

Des formules qui offrent une grande analogie avec l'équation (11) ont été obtenues de différentes manières par plusieurs astronomes, soit en supposant une atmosphère de densité moyenne, comme Cassini, soit un pouvoir réfringent constant [***]; et Laplace a fait sortir cette équation d'une hypothèse purement analytique, en remarquant que son équation différentielle de la réfraction (différant seulement de l'équation (6) par la substitution de k_1 à k) deviendrait intégrable si l'on avait

$$\frac{r_1}{r} = \left(\frac{1 + 4\dfrac{k_1 \rho}{\rho_0^2}}{1 + 4\dfrac{k_1 \rho_1}{\rho_0^2}} \right)^{m'}$$

m' étant une constante.

---

[*] *Astronomie physique* de M. Biot.

[**] *Astronomie physique* de M. Biot.

[***] *Astronomie théorique et pratique* de Delambre.

Or, Newton avait finalement adopté une constitution atmosphérique d'après laquelle la température ne varierait pas avec la hauteur, et l'hypothèse de Laplace conduit (n° 7) à des températures décroissantes en progression arithmétique pour des élévations équidifférentes, ce qui ne paraît pas moins inadmissible que l'hypothèse de Cassini, ou que celle qui lui a succédé.

En conséquence, l'exactitude relative de la règle de Bradley, employée pour construire la Table de Lalande, et dont on se sert encore aujourd'hui pour des observations de premier ordre, semblerait être un fait singulier, si l'on ne voyait qu'on y parvient sans supposer telle ou telle constitution atmosphérique.

Elle tombe, du reste, en défaut pour des distances zénithales considérables.

M. Biot, dans la troisième partie de son remarquable Mémoire sur les réfractions, a montré que l'on peut obtenir, avec un degré suffisant d'approximation, celles qui répondent à toute distance zénithale, en se servant de l'équation (8), et après avoir adopté une constitution atmosphérique particulière, comme l'ont fait tous ceux qui ont traité le problème, du moins pour les grandes distances. Pour cela, il faut prendre un certain nombre de valeurs de $\frac{k\rho}{v_0^2}$ échelonnées depuis $\frac{k_1\rho_1}{v_0^2}$ jusqu'à $0{,}01 \cdot \frac{k_1\rho_1}{v_0^2}$ par exemple, puis calculer les valeurs de r correspondantes, d'après les équations qui expriment la constitution atmosphérique admise, celles de ω', d'après la formule (8 *bis*), ou mieux, d'après

$$\operatorname{cotang}^2 \omega' = \frac{r^2 - r_1^2}{r_1^2} - \frac{r^2}{r_1^2} \frac{4\left(\frac{k_1\rho_1}{v_0^2} - \frac{k\rho}{v_0^2}\right)}{1 + 4\frac{k_1\rho_1}{v_0^2}}$$

que l'on en tire facilement; et celles de ω, d'après les équations (1) et (8 *bis*) qui donnent

$$\operatorname{cotang}^2 \omega = \frac{\operatorname{cotang}^2 \omega'}{\sin^2 \theta_1} + \operatorname{cotang}^2 \theta_1.$$

Ensuite, si α_1, α_2, α_3,..., sont les valeurs de $\frac{k\rho}{v_0^2}$ que l'on a prises premièrement, ω_1, ω_2, ω_3,..., celles de ω qu'on a obtenues comme il vient d'être indiqué, et Ω_1, Ω_2, Ω_3,..., celles que l'on trouve pour le coefficient de $d\omega$ dans l'équation (8), en faisant $\frac{d}{dr}\left(\frac{k\rho}{v_0^2}\right)$ égal à $\alpha_2 - \alpha_1$ pour avoir Ω_1, à $\alpha_3 - \alpha_2$ pour avoir Ω_2, etc., on pose

$$\Omega = \Omega_1 + A(\omega - \omega_1) + B(\omega - \omega_1)^2,$$

A et B étant déterminés par les conditions que $\Omega = \Omega_2$ puis $\Omega = \Omega_3$ pour $\omega = \omega_2$ et $\omega = \omega_3$, et l'on tire de là, en intégrant,

$$\int_{\alpha_1}^{\alpha_3} \Omega\, d\omega = \Omega_1(\omega_3 - \omega_1) + \frac{1}{2}A(\omega_3 - \omega_1)^2 + \frac{1}{3}B(\omega_3 - \omega_1)^3$$

pour la partie de la réfraction R_{θ_1} correspondante au passage de la lumière de la couche où $\frac{k\rho}{v_0^2} = \alpha_3$ à celle où se trouve l'observateur.

Par ce procédé, M. Biot a trouvé une valeur de la réfraction horizontale inférieure de moins que $1''{,}3$ à celle qui a été donnée par M. Ivory, d'après une constitution atmosphérique hypothétique dont je parlerai dans l'article suivant; et cette différence est peu sensible, eu égard à la grandeur de cette réfraction, qui dépasse 34 minutes.

Des hauteurs apparentes, inférieures à 15 degrés. — Formule empirique de Laplace.

7. L'illustre auteur de la *Mécanique céleste* est parvenu à une formule empirique pour les distances zénithales considérables, en s'appuyant sur des considérations que je vais exposer succinctement.

1°. Si l'on admet que la densité de l'air soit constante dans l'atmosphère entière, et qu'elle varie seulement à sa limite, l'équation (6), dans laquelle on ferait $k = k_1$, s'intègre facilement, et l'on déduit de l'intégrale une valeur de $R_{\frac{\pi}{2}}$, trop petite de plus que ses $0{,}5$ par rapport à celle qui résulte des observations astronomiques.

Cette hypothèse revient à celle de Cassini.

2°. La supposition d'une température constante se confond avec celle de la pression proportionnelle à la densité à laquelle Newton avait fini par s'arrêter, comme je l'ai déjà indiqué, et d'après laquelle il a calculé la Table publiée par Halley [*].

Il en résulte des densités décroissantes à très-peu près en progression par quotient pour des élévations équidifférentes. Car en joignant

$$p = p_{\iota}\frac{\rho}{\rho_{\iota}},$$

que l'on a seulement avec une température constante, aux équations

$$dp = -g\frac{r_{\iota}^2}{r^2}\rho\,dr, \quad \text{et} \quad p_{\iota} = g\rho_{\iota}l,$$

que l'on a toujours, on trouve facilement

$$\frac{d\rho}{\rho} = \frac{r_{\iota}}{l}.d\left(\frac{r_{\iota}}{r}\right),$$

d'où, en intégrant,

$$l\left(\frac{\rho}{\mathrm{C}}\right) = \frac{r_{\iota}^2}{lr} = \frac{r-2\varepsilon}{l} + \frac{\varepsilon^2}{lr},$$

C désignant une constante et ε l'élévation toujours assez petite relativement à r; de sorte que, abstraction faite de la fraction $\frac{\varepsilon^2}{lr}$, cette équation fournit bien des valeurs de ρ décroissantes en progression par quotient lorsque ε et r croissent par degrés égaux, et que, par suite, $r - 2\varepsilon$ décroît de la même manière.

Pour que $\rho = \rho_{\iota}$ réponde à $r = r_{\iota}$, il faut prendre $\mathrm{C} = \rho_{\iota}e^{-\frac{r_{\iota}}{l}}$, et en posant

$$1 - \frac{r_{\iota}}{r} = s,$$

on a

(12 *bis*)
$$\rho = \rho_{\iota}e^{-\frac{r_{\iota}s}{l}}.$$

Après avoir remplacé ρ par cette valeur dans l'équation (6), où il écrit k_{ι} au lieu de k, Laplace ramène, par divers développements en série, la détermination approchée de l'intégrale de cette équation à

---

[*] On ne connaissait pas bien à l'époque de Newton les lois de la dilatation des gaz, de sorte que cette coïncidence lui a échappé.

celle de l'intégrale définie $\int_0^T e^{-t^2}\,dt$, T étant une quantité qui devient infinie pour $\theta_1 = \frac{\varpi}{2}$, et il parvient à une valeur de $R_{\frac{\varpi}{2}}$ trop forte de plus que ses $0,12$; d'où il conclut, par comparaison avec le résultat déduit de la supposition d'une densité constante, que la densité décroît, en réalité, moins rapidement que ne l'indique la formule

$$\rho = \rho_1 \, e^{-\frac{r_1 s}{l}}.$$

3°. L'équation (6) de cette Thèse devient intégrable, sous forme finie, comme celle de la *Mécanique céleste*, qui lui est analogue, par l'hypothèse

$$(13) \qquad \frac{r_1}{r} = \left(\frac{1 + 4\frac{k\rho}{v_0^2}}{1 + 4\frac{k_1\rho_1}{v_0^2}} \right)^{m'},$$

peu différente de celle que j'ai rappelée au n° 5.

Elle se réduit effectivement, d'après cela, à

$$(14) \qquad d\theta = -\frac{dz}{(2m'-1)\sqrt{1-z^2}};$$

si l'on pose

$$\left(\frac{1 + 4\frac{k\rho}{v_0^2}}{1 + 4\frac{k_1\rho_1}{v_0^2}} \right)^{m' - \frac{1}{2}} = \frac{z}{\sin\theta_1}.$$

En intégrant l'équation (14) depuis $z = \sin\theta_1$, qui répond à $\rho = \rho_1$, jusqu'à $z = \dfrac{\sin\theta_1}{\left(1 + 4\frac{k_1\rho_1}{v_0^2}\right)^{m'-\frac{1}{2}}}$ qui répond à $\rho = 0$, on a

$$(15) \qquad R_{\theta_1} = \frac{1}{2m'-1} \left\{ \theta_1 - \mathrm{arc}\left[\frac{\sin\theta_1}{\left(1 + 4\frac{k_1\rho_1}{v_0^2}\right)^{m'-\frac{1}{2}}} \right] \right\};$$

d'où l'on tire l'équation déjà obtenue

$$m \sin\theta_1 = \sin(\theta_1 - 2n R_{\theta_1}),$$

en posant encore

$$2\,m' - 1 = 2\,n, \quad \text{et} \quad \left(1 + 4\,\frac{k_1\rho_1}{v_0^2}\right)^{m'-\frac{1}{2}} = \frac{1}{m};$$

et, conséquemment, l'hypothèse dont il s'agit conduit à la règle de Bradley, en partant de la formule (6).

L'équation (13) conduit à trois conséquences qui caractérisent la constitution atmosphérique correspondante. Si l'on remplace $\frac{r_1}{r}$ par la valeur qu'elle fournit, dans l'équation d'équilibre de l'atmosphère mise sous la forme

$$\frac{dp}{p_1} = \frac{r_1}{l} \cdot \frac{\rho}{\rho_1} \cdot d\left(\frac{r_1}{r}\right),$$

puis qu'on développe, en négligeant les puissances et les produits de $\frac{k_1\rho_1}{v_0^2}$ et de $\frac{k\rho}{v_0^2}$, on obtient

$$(16) \qquad \frac{p}{p_1} = \frac{\rho^2}{\rho_1^2}$$

après avoir intégré de manière que $\rho = 0$ donne $p = 0$, et déterminé m' par la condition que $\rho = \rho_1$ donne $p = p_1$, ce qui exige que

$$\frac{r_1}{l} \cdot 2\,\frac{k_1\rho_1}{v_0^2}\,m' = 1;$$

donc *la pression serait proportionnelle au carré de la densité*. Si l'on différentie l'égalité (16), et qu'on élimine $\frac{dp}{p_1}$ au moyen de l'équation d'équilibre, il vient

$$d\left(\frac{\rho}{\rho_1}\right) = \frac{r_1}{2\,l} \cdot d\left(\frac{r_1}{r}\right),$$

puis, en intégrant de manière que $\rho = \rho_1$ réponde à $r = r_1$,

$$\frac{\rho_1 - \rho}{\rho_1} = \frac{r_1}{2\,l} \cdot \frac{r - r_1}{r},$$

et l'on a, en remplaçant r par r_1 dans le dénominateur,

$$(16\ bis) \qquad \frac{\rho_1 - \rho}{\rho_1} = \frac{r - r_1}{2\,l},$$

d'après laquelle *la densité décroîtrait en progression arithmétique pour des élévations équidifférentes.* Enfin, de l'équation connue

$$\frac{p\,p_1}{p_1\,\rho} = \frac{1 + \alpha t}{1 + \alpha t_1},$$

dans laquelle α est le coefficient de dilatation de l'air, et qui suppose la tension de la vapeur aqueuse nulle ou proportionnelle à la pression ; t et t_1 étant d'ailleurs les températures correspondantes aux densités ρ et ρ_1, on tire, d'après les équations précédentes,

$$(17) \qquad t = t_1 - \frac{r - r_1}{2l} \cdot \frac{1 + \alpha t_1}{\alpha},$$

de laquelle il résulte *que la température suivrait la même loi que la densité.*

La loi donnée par l'équation (16) est infirmée par l'observation ; l'équation (16 *bis*) fournit

$$r - r_1 = 2l = 16500 \text{ mètres} \quad \text{pour} \quad \rho = 0,$$

tandis que la hauteur de l'atmosphère est certainement plus que quadruple ; et l'équation (17) indique une élévation de 59 mètres seulement à partir de la surface de la terre, en supposant $t_1 = 10$ degrés, comme correspondante à un abaissement de température de 1 degré, tandis que l'observation en indique une à peu près triple. En outre, l'équation de condition

$$\frac{r_1}{l} \cdot 2\,\frac{k_1 \rho_1}{v_0^2} \cdot m' = 1,$$

et

$$n = m' - \frac{1}{2},$$

donnent pour n le nombre 3,89, et il en résulte une valeur de la réfraction horizontale trop petite de plus que ses 0,15.

4°. Les deux modes de décroissement de la densité résultant des formules (12 *bis*) et (16 *bis*) ayant donné deux valeurs de la réfraction horizontale, l'une trop forte et l'autre trop faible, on est conduit à essayer un mode de décroissement mixte. k étant remplacé par k_1 dans l'équation (6), elle devient d'abord

$$d\theta = -\frac{(1-s).\sin\theta_1\beta.d\left(\frac{\rho}{\rho_1}\right)}{\left[1-2\beta\left(1-\frac{\rho}{\rho_1}\right)\right]\sqrt{\cos^2\theta_1-2\beta\left(1-\frac{\rho}{\rho_1}\right)+2s(1-s)\sin^2\theta_1}},$$

en posant comme précédemment

$$1-\frac{r_1}{r}=s,$$

et, de plus,

$$\frac{2\dfrac{k_1\rho_1}{v_0^2}}{1+4\dfrac{k_1\rho_1}{v_0^2}}=\beta;$$

puis

$$(6\ bis)\qquad d\theta = -\frac{\sin\theta_1.\beta.d\left(\frac{\rho}{\rho_1}\right)}{(1-\beta)\sqrt{\cos^2\theta_1-2\beta\left(1-\frac{\rho}{\rho_1}\right)+2s}},$$

en remplaçant $1-2\beta\left(1-\frac{\rho}{\rho_1}\right)$ par la moyenne arithmétique de ses valeurs extrêmes, et en négligeant respectivement s, s^2 et $-2s\cos^2\theta_1$ par rapport à 1, s et $\cos^2\theta_1$.

Laplace fait

$$(18)\qquad s-\beta\left(1-\frac{\rho}{\rho_1}\right)=u\quad\text{et}\quad \rho=\rho_1\left(1+\frac{fu}{f'}\right)e^{-\frac{u}{f'}},$$

ce qui ramène l'équation (6 bis) à

$$d\theta = \frac{\dfrac{\beta}{f'}\cdot\sin\theta_1.\left(1-f+\dfrac{fu}{f'}\right)e^{-\frac{u}{f'}}du}{(1-\beta)\sqrt{\cos^2\theta_1+2a}};$$

et en posant encore

$$\cos^2\theta_1+2u=2f't^2,$$

il obtient enfin

$$d\theta = \frac{\beta\sin\theta_1}{1-\beta}\sqrt{\frac{2}{f'}}\cdot\left(1-f-\frac{f\cos^2\theta_1}{2f'}+ft^2\right)e^{\frac{\cos^2\theta_1}{2f'}-t^2}dt,$$

dont l'intégrale prise depuis $u = 0$ qui répond à $\rho = \rho_1$, jusqu'à $u = \infty$ qui répond à $\rho = 0$, est

$$(19) \qquad \mathrm{R}_{\theta_1} = \frac{\beta \sin \theta_1}{1 - \beta} \sqrt{\frac{2}{f'}} \left(1 - \frac{1}{2} f + f t_1^2 \right) \cdot \Psi (t_1) + \frac{\beta f \sin 2 \theta_1}{4 (1 - \beta) f'},$$

en posant

$$\frac{\cos \theta_1}{\sqrt{2 f'}} = t_1, \quad \text{et} \quad \int_{t_1}^{\infty} e^{-t^2} dt = e^{-t_1^2} \Psi (t_1).$$

La valeur de R_{θ_1} ne dépend plus, d'après cela, que d'une simple quadrature; mais il faut déterminer les deux paramètres f et f' qui ont été introduits, au moyen de

$$\mathrm{R}_{\frac{\varpi}{2}} = \frac{\beta}{1 - \beta} \sqrt{\frac{\varpi}{2 f'}} \cdot \left(1 - \frac{1}{2} f \right),$$

et d'une autre équation que l'on trouve en combinant les équations (18) avec celle de l'équilibre, et qui donne

$$(20) \qquad \frac{p}{p_1} = \frac{r_1}{l} \left\{ \frac{\beta}{2} \cdot \frac{\rho^2}{\rho_1^2} + [f'(1 + f) + fu] e^{-\frac{u}{f'}} \right\},$$

puis, comme $p = p_1$ doit répondre à $\rho = \rho_1$ et $u = 0$,

$$\frac{l}{r_1} = \frac{\beta}{2} + f' (1 + f).$$

Les valeurs de f et f' étant ainsi fixées, les équations (19), (20) et $\frac{1 + \alpha t}{1 + \alpha t_1} = \frac{p p_1}{p_1 \rho}$, en fournissent pour R_{θ_1}, p et t, qui s'accordent d'une manière satisfaisante avec les observations astronomiques et autres, et avec les conséquences du mouvement diurne.

Autre manière de parvenir à une formule empirique de la réfraction.

8. Les deux constitutions hypothétiques entre lesquelles on est conduit à penser que la constitution réelle de l'atmosphère se trouve comprise correspondant, l'une à des pressions proportionnelles aux densités, et l'autre à des pressions proportionnelles aux carrés des densités, il semble rationnel de poser

$$(21) \qquad p = m_1 \rho + m_2 \rho^2 ;$$

m_1, m_2 sont des paramètres qui doivent satisfaire à

$$(22) \qquad p_1 = m_1 \rho_1 + m_2 \rho_1^2,$$

et à une seconde équation de condition que M. Biot présente sous la forme

$$(23) \qquad p_1 \mu = m_1 \rho_1 + 2 m_2 \rho_1^2,$$

μ étant un coefficient variable d'un lieu à un autre, et, dans un même lieu, avec le temps, qui dépend de l'état météorologique à la station de l'observateur, et même de cet état à une certaine hauteur [*]. D'après les équations (22) et (23), on a

$$(24) \qquad m_1 = \frac{p_1}{\rho_1}(2 - \mu), \qquad m_2 = \frac{p_1}{\rho_1^2} \cdot (\mu - 1).$$

On tire de l'équation (21),

$$dp = (m_1 + 2 m_2 \rho) d\rho ,$$

et l'élimination de dp, entre cette équation et celle de l'équilibre, donne

$$(m_1 + 2 m_2 \rho) \frac{d\rho}{\rho} + g \frac{r_1^2 dr}{r^2} = 0 ,$$

dont l'intégrale, prise de manière que $\rho = \rho_1$ réponde à $r = r_1$, est

$$(25) \qquad m_1 . \log\left(\frac{\rho_1}{\rho}\right) + 2 m_2 (\rho_1 - \rho) - g \frac{r_1(r - r_1)}{r} = 0.$$

Le logarithme népérien contenu dans cette équation conduit à faire

$$(26) \qquad \rho = \rho_1 e^{-u};$$

alors l'équation (21) devient

$$(21\ bis) \qquad \frac{p}{p_1} = (2 - \mu)e^{-u} + (\mu - 1)e^{-2u},$$

---

[*] Mémoire déjà cité; M. Ivory a pris moyennement $\mu = \dfrac{5}{4}$.

et l'équation (25) donne

$$(25\ bis)\qquad \frac{r_{\scriptscriptstyle 1}}{r}=1-\frac{l}{r_{\scriptscriptstyle 1}}\left[(2-\mu)u+2(\mu-1)(1-e^{-u})\right]$$

d'après l'équation (24), en remplaçant $\frac{p_{\scriptscriptstyle 1}}{g\rho_{\scriptscriptstyle 1}}$ par l.

Soient c le rapport des densités de la vapeur aqueuse contenue dans l'air et de l'air sec sous la même pression [*], π la partie de la pression que cette vapeur supporte, ρ_0 la densité de l'air desséché ramené à o degré, et p_0 la force élastique correspondante (le volume restant invariable); l'équation connue

$$p=(1-c)\pi+\frac{p_0}{\rho_0}(1+\alpha t)\rho$$

lie entre elles la pression p, la température t et la densité ρ du mélange; par conséquent, l'on a

$$(27)\qquad \frac{1+\alpha t}{1+\alpha t_{\scriptscriptstyle 1}}=\frac{p-(1-c)\pi}{p_{\scriptscriptstyle 1}-(1-c)\pi_{\scriptscriptstyle 1}}\cdot\frac{\rho_{\scriptscriptstyle 1}}{\rho}$$

pour déterminer la température à une hauteur quelconque, lorsque π est connue. Si $r-r_{\scriptscriptstyle 1}$ était assez grande, on pourrait supposer $\pi=0$; et l'on fait le plus souvent abstraction de π et de $\pi_{\scriptscriptstyle 1}$, ou, ce qui revient au même, on suppose que $\frac{\pi}{\pi_{\scriptscriptstyle 1}}=\frac{p}{p_{\scriptscriptstyle 1}}$ à toute hauteur, de sorte que l'équation (27) revient à l'équation analogue du n° **6**.

La substitution des expressions de $\frac{\rho}{\rho_{\scriptscriptstyle 1}}$ et de $s=1-\frac{r}{r_{\scriptscriptstyle 1}}$, qui se déduisent des équations (26) et (25 bis), dans l'équation (6 bis), fournit

$$(28)\qquad d\theta=\frac{\beta\sin\theta_{\scriptscriptstyle 1}}{1-\beta}\cdot\frac{e^{-u}du}{\sqrt{(\cos^2\theta_{\scriptscriptstyle 1}+A)+Bu-Ae^{-u}}},$$

en posant

$$\frac{4l}{r_{\scriptscriptstyle 1}}(\mu-1)-2\beta=A$$

---

[*] M. Ivory prend $c=\frac{5}{8}$.

et

$$\frac{2l}{r_1}(2 - \mu) = B \ [^*],$$

et, pour avoir la réfraction, il faut intégrer cette valeur de $d\theta$ depuis $u = 0$ jusqu'à $u = \infty$, ce que M. Ivory a fait par un procédé particulier. Un calcul semblable à celui qui se trouve développé dans la *Mécanique céleste*, pour une intégration analogue que j'ai dû me contenter de citer au commencement du n° **4**, donne

$$(29) \quad R_{\theta_1} = \frac{2\,e^{\frac{A}{B}}}{\sqrt{B}} \left\{ \Phi_1 - \Phi_2 \cdot \frac{A}{B} \cdot 2^{\frac{1}{2}} \cdot e^{\frac{A}{B}} + \frac{1}{2}\Phi_3 \cdot \left(\frac{A}{B}\right)^2 \cdot 3^{\frac{3}{2}} \cdot e^{\frac{2A}{B}} - \frac{1}{2.3}\Phi_4 \cdot \left(\frac{A}{B}\right)^3 \cdot 4^{\frac{5}{2}} \cdot e^{\frac{3A}{B}} + \ldots \right\};$$

si l'on fait

$$e^{\frac{r\cos^2\theta_1}{B}} \cdot \int_{\cos\theta_1\sqrt{\frac{r}{B}}}^{\infty} e^{-t^2}\,dt = \Phi_r,$$

r étant un nombre entier positif $[^{**}]$; et pour $\theta_1 = \frac{\varpi}{2}$, on a consé-

---

$[^*]$ $A = 0{,}0006682$, $B = 0{,}0018847$ et $\frac{A}{B} = 0{,}35454$ environ,

en prenant

$$\mu = \frac{5}{4}, \quad l = 800^m,$$

et en calculant 2β d'après

$$2\beta = \frac{4\,\frac{k_1\rho_1}{v_0^2}}{1 + 4\,\frac{k_1\rho_1}{v_0^2}}.$$

$[^{**}]$ Le rapport du $(n + 1)^{ième}$ terme de cette série à celui qui le précède est

$$\frac{A}{B} \cdot \left(1 + \frac{1}{n}\right)^{n - \frac{1}{2}} e^{\frac{A}{B}} \cdot \frac{\Phi_{n+1}}{\Phi_n},$$

et il tend vers

$$\frac{A}{B}\,e^{1 + \frac{A}{B} + \frac{\cos^2\theta_1}{B}}$$

lorsque n croît indéfiniment; on ne peut donc employer cette série que pour des distances zénithales telles que cette limite soit < 1. Cette série et la suivante sont données par M. Plana. (*Mémoires de Turin*, 32.)

qüemment

$$(29\ bis)\qquad \mathrm{R}_{\frac{\varpi}{2}} = e^{\frac{A}{B}} \cdot \sqrt{\frac{\varpi}{B}}\left\{ 1 - \frac{A}{B}\cdot 2^{\frac{1}{2}}\cdot e^{\frac{A}{B}} + \frac{1}{2}\left(\frac{A}{B}\right)^2 \cdot 3^{\frac{3}{2}}\cdot e^{\frac{2A}{B}} - \frac{1}{2.3}\cdot \left(\frac{A}{B}\right)^3 \cdot 4^{\frac{5}{2}}\cdot e^{\frac{3A}{B}} + \ldots \right\}.$$

Tables de réfraction.

9. Une Table de réfractions relatives à des distances apparentes échelounées de o à 90 degrés, pour une pression atmosphérique et une température indéterminées au lieu de l'observation, étant construite d'après les formules qui ont été données dans cette Thèse, on en déduit la réfraction relative à une distance zénithale qui ne se trouve pas dans la Table, et qui a été observée sous une pression et à une température différentes de celles pour lesquelles elle a été calculée, par une interpolation semblable à celle des Tables de logarithmes quant à ce qui est de la différence des distances zénithales, et fondée pour le reste sur ce que la réfraction peut, à la même température, être regardée comme proportionnelle à la pression, tandis que les pressions à des températures $t_{\scriptscriptstyle 1}$ et $t'_{\scriptscriptstyle 1}$ sont proportionnelles à 1 et à $1 + \alpha(t_{\scriptscriptstyle 1} - t'_{\scriptscriptstyle 1})$. La proportionnalité des réfractions aux pressions est justifiée par la forme des coefficients R de l'équation (10).

Des procédés employés pour le calcul de la plupart des anciennes
Tables.

10. Les plus anciennes Tables ont été calculées par des moyens qui reviennent, à peu près, à la recherche de quelques réfractions par l'observation et la grande loi du mouvement diurne, suivie d'interpolations faites à l'aide de diverses formules, pour les distances apparentes intermédiaires.

Le procédé très-simple, que j'ai indiqué dans le n° **1,** ne saurait donner exactement une réfraction, même lorsqu'on l'applique à une étoile très-brillante et passant près du zénith, parce que les distances du pôle à l'étoile et au zénith sont affectées par le phénomène de la réfraction; mais, si l'on employait, par exemple, la formule (12) réduite à quelques-uns des termes que j'y ai écrits, on pourrait déterminer les coefficients de manière à lui faire donner les réfractions approchées déduites du calcul trigonométrique, puis s'en servir pour corriger les éléments de ce calcul, et le recommencer ensuite.

Tycho-Brahé imagina de faire dépendre l'un de l'autre les coefficients des deux premiers termes, à l'aide des distances solstitiales du Soleil, et ce moyen, par lequel on évite l'emploi de la distance zénithale du pôle, a été perfectionné par Bradley.

Enfin, Delambre a déterminé trois coefficients, en poussant jusqu'à la cinquième puissance de tang θ_1, par l'observation de quatre étoiles circompolaires; ce qui lui a donné une valeur du premier assez différente de celle de Bradley. Ce savant astronome s'est appliqué, pour le dire en passant, à expliquer le désaccord de ses prédécesseurs sur la grandeur des réfractions et sur les éléments des formules, et le résultat peut-être le plus remarquable de son travail, c'est que les réfractions sont les mêmes par tout le globe dans des circonstances peu différentes, contrairement à ce qu'on aurait dû conclure des Tables de Lacaille et de Bouguer.

Effets particuliers de la réfraction.

11. Delambre comprend, sous le titre d'*effets particuliers de la réfraction*, l'influence qu'elle exerce

1°. Sur la forme d'un astre;

2°. Sur la distance de deux astres ou de deux points remarquables d'un astre;

3°. Sur l'instant de son lever ou de son coucher, son angle horaire, son azimut, l'instant de son passage au méridien, et, en général, sur les éléments de sa route dans l'espace.

Vu et approuvé,

Le 8 Octobre 1849.

Le Doyen de la Faculté des Sciences

DUMAS.

Permis d'imprimer,

L'Inspecteur général de l'Université,
Vice-Recteur de l'Académie de Paris,
ROUSSELLE.

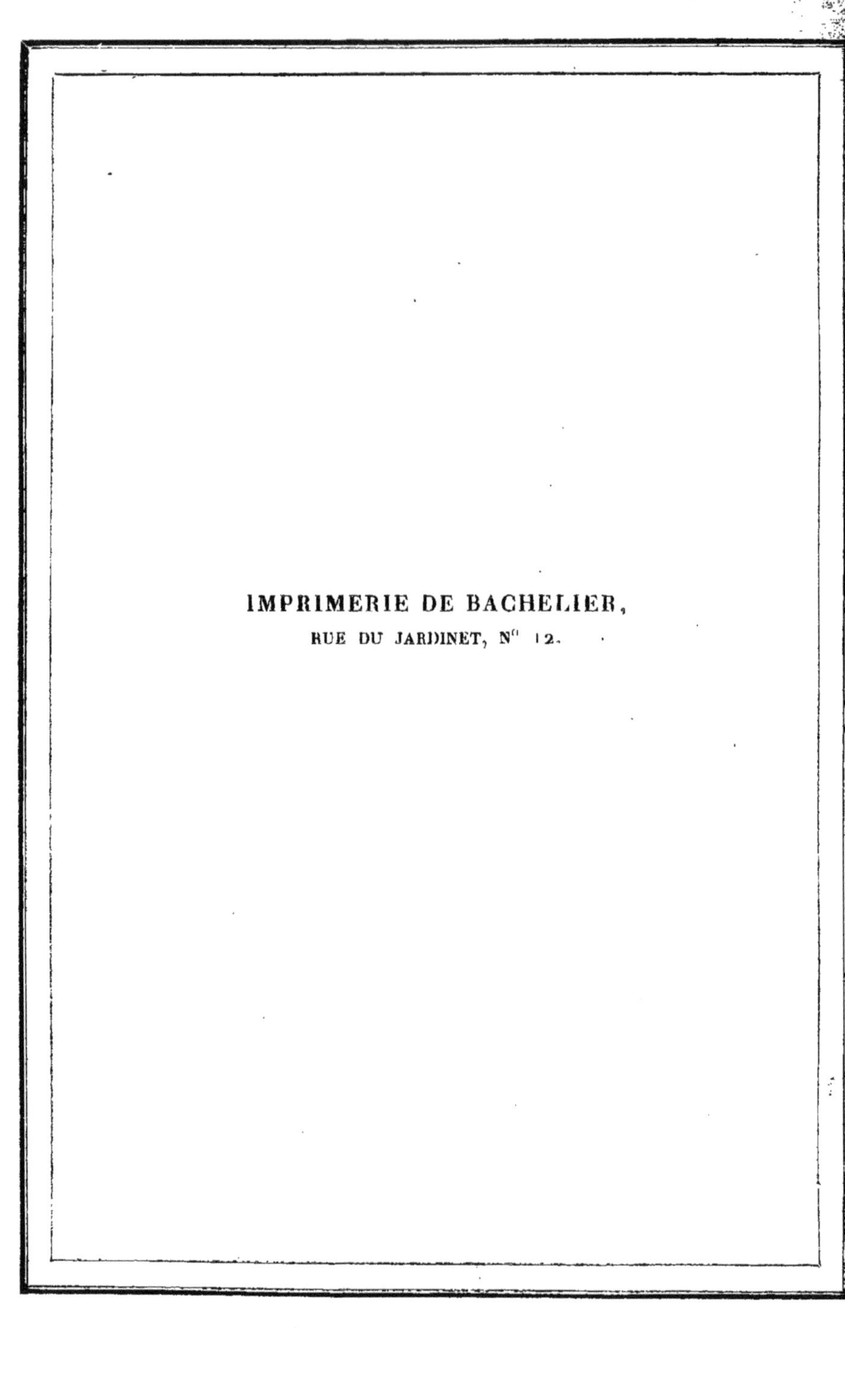

IMPRIMERIE DE BACHELIER,
RUE DU JARDINET, N° 12.